SI 接頭語

大きさ	SI接頭語	記号	大きさ	SI接頭語	記号
10^{-1}	デシ	d	10	デカ	da
10^{-2}	センチ	c	10^{2}	ヘクト	h
10^{-3}	ミリ	m	10^{3}	キロ	k
10^{-6}	マイクロ	μ	10^{6}	メガ	M
10^{-9}	ナノ	n	10^{9}	ギガ	G
10^{-12}	ピコ	p	10^{12}	テラ	T
10^{-15}	フェムト	f	10^{15}	ペタ	P
10^{-18}	アト	a	10^{18}	エクサ	E
10^{-21}	ゼプト	z	10^{21}	ゼタ	Z
10^{-24}	ヨクト	y	10^{24}	ヨタ	Y

圧力単位の換算

	Pa	kPa	bar	atm	mbar	Torr
1 Pa	1	10^{-3}	10^{-5}	$9.869\,23 \times 10^{-6}$	10^{-2}	$7.500\,62 \times 10^{-3}$
1 kPa	10^{3}	1	10^{-2}	$9.869\,23 \times 10^{-3}$	10	7.500 62
1 bar	10^{5}	10^{2}	1	0.986 923	10^{3}	750.062
1 atm	101 325	101.325	1.013 25	1	1 013.25	760
1 mbar	100	10^{-1}	10^{-3}	$9.869\,23 \times 10^{-4}$	1	0.750 062
1 Torr	133.322	0.133 322	$1.333\,22 \times 10^{-3}$	$1.315\,79 \times 10^{-3}$	1.333 22	1

ギリシャ文字

Α	α	Alpha	アルファ	Ν	ν	Nu	ニュー
Β	β	Beta	ベータ	Ξ	ξ	Xi	グザイ
Γ	γ	Gamma	ガンマ	Ο	ο	Omicron	オミクロン
Δ	δ	Delta	デルタ	Π	π	Pi	パイ
Ε	ε	Epsilon	イプシロン	Ρ	ρ	Rho	ロー
Ζ	ζ	Zeta	ゼータ	Σ	σ	Sigma	シグマ
Η	η	Eta	イータ	Τ	τ	Tau	タウ
Θ	θ	Theta	シータ	Υ	υ	Upsilon	ウプシロン
Ι	ι	Iota	イオタ	Φ	φ	Phi	ファイ
Κ	κ	Kappa	カッパ	Χ	χ	Chi	カイ
Λ	λ	Lambda	ラムダ	Ψ	ψ	Psi	プサイ
Μ	μ	Mu	ミュー	Ω	ϖ	Omega	オメガ

化学の基礎

元素記号からおさらいする化学の基本

中川 徹夫 著

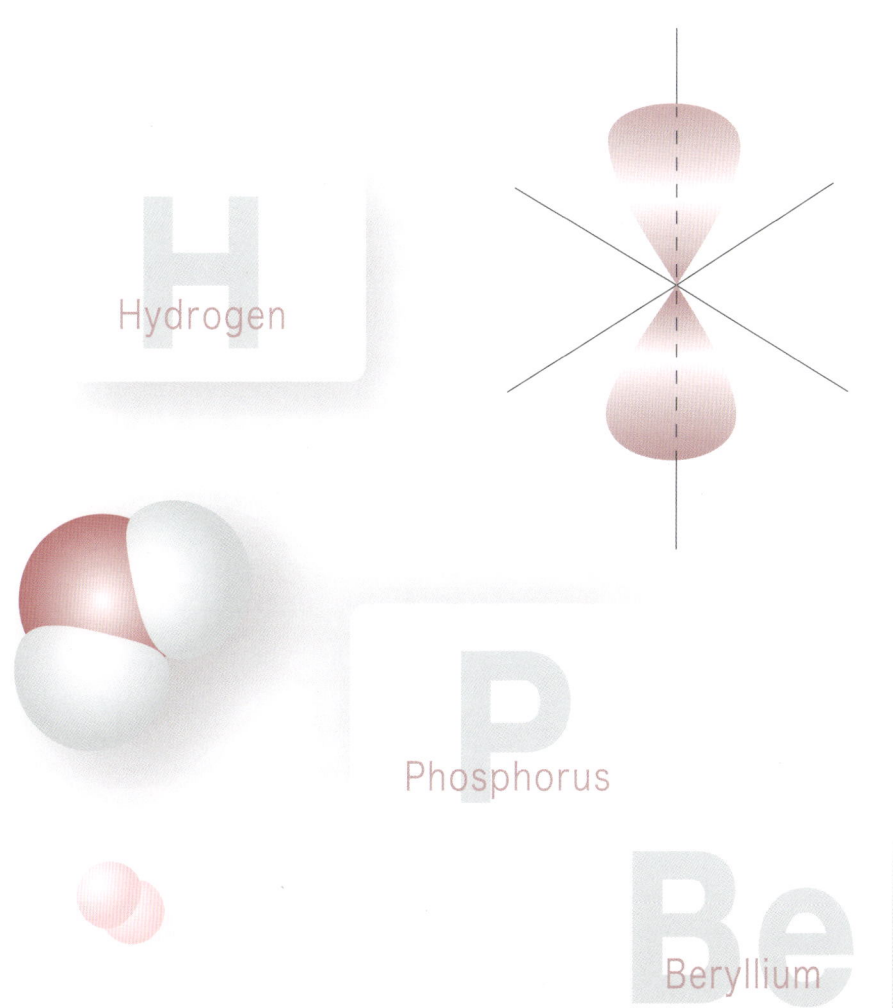

化学同人

まえがき

　本書は，高校で化学をまったく履修しなかったか，一部しか履修しなかった人が，大学や短大で化学の学習を始めるための入門書である．また，高校で化学を一通り履修したが，内容がよく理解できず，再び学び直したいと考えている人にも是非読んでほしい．

　中学生程度の理科の知識があれば容易に理解できるように書かれており，大学や短大の1年生前期に開講される「化学入門」や「リメディアル化学」といった授業や補講の教科書として有用である．また，独習できるようにも配慮した．

　著者は，現在大学教員として化学の教育に携わっているが，以前に高校教員として化学を教えた経験もある．高校・大学双方の化学教育にかかわってきた立場からいうと，化学の基本は，「化学式」（元素記号，分子式，組成式，電子式，構造式など），「粒子間の結合」（共有結合，イオン結合，金属結合，分子間結合など），「物質量」（粒子の数・質量・体積と物質量との関係，物質量を経由した粒子の数・質量・体積の相互関係など），「化学反応式」（化学反応式の作り方，化学反応式を用いた定量的な計算など）の4項目に尽きると思う．逆に，これらの項目に関する基礎力が不十分だと，これらに続く内容の理解は難しい，というよりも不可能であろう．このことを意識して，化学を初めて学ぶ人や学び直す人に，まずは化学の基礎力をしっかり身につけてもらいたいと考え，本書を執筆した．

　本書の第一の特徴は，先述の化学の基本4項目である「化学式」，「粒子間の結合」，「物質量」，「化学反応式」に内容を絞ったことである．他の入門書によく見られる「酸化と還元」，「化学平衡」，「無機化合物」，「有機化合物」などの項目は，本書には見られない．理由はいたって簡単で，化学を初めて学ぶ人や学び直す人が一度に多くの項目を学習すると，消化不良を起こし，化学に興味を失ってしまうためである．まずは化学の基本をしっかりと学び，基礎力を定着させることが肝要である．あれもこれもと欲張っても，空回りするだけである．

　本書の第二の特徴は，例題が豊富なことである．本文を読んで内容を理解すれば，独力で例題を解くことができるはずである．「解答」以外に「考え方」も記されているので，たとえ正解に至らなかった場合でも，どの段階で誤ったのかを読者自身で確認できるだろう．例題を一通り解いた後は，是非章末問題にも挑戦してほしい．

　本書の出版にあたり，群馬大学教授 吉國忠亜先生，京都教育大学教授 芝原寛泰先生，神戸女学院大学教授 張野宏也先生には，拙稿の査読をお願いし，数々の有益なご意見・ご助言を頂戴した．また，化学同人編集部 大林史彦氏には，本書の企画から編集，校正に至るまでたいへんお世話になった．このたび無事に本書が完成したのも，ここにお名前を挙げさせていただいた皆様のおかげである．この場を借りて感謝の意を表したい．

2010年8月

　　　　　　　　　　　　　　　岡田山の研究室にて　　　中川　徹夫

目　次

0章　元素記号は化学のアルファベット　　1

- 0.1　化学の勉強は英語の勉強と同じ？……………………………………1
- 0.2　便利な元素記号……………………………………………………………1
- 0.3　覚えておいたほうがよい元素記号………………………………………2
- 0.4　周期表から何がわかる？…………………………………………………3

1章　原子の内部構造　　5

- 1.1　原子核と電子………………………………………………………………5
  - 電子と原子核の発見　5
  - 原子核はさらに小さい粒子に分けられる　5
  - 電気素量と電荷　7
- 1.2　原子番号と質量数…………………………………………………………7
  - 陽子・中性子・電子の質量を比べると　7
  - 原子の種類を表す原子番号　8
  - 質量数は陽子と中性子の数の和　8
  - 原子番号と質量数の表し方　9
- 1.3　同位体（アイソトープ）…………………………………………………9
  - 同じ元素でも質量数の異なるものがある　9
  - 中性子の数が違うのが同位体　10
- 1.4　イオン……………………………………………………………………11
  - 電子が減ると正に帯電　11
  - 電子が増えると負に帯電　11
  - 帯電した原子をイオンという　11
- 章末問題……………………………………………………………………………12

2章　原子の電子配置と共有結合　　13

- 2.1　電子殻（主殻）と副殻…………………………………………………13
  - 電子殻は主量子数で決まる　13
  - 副殻は方位量子数で決まる　14
  - 軌道の数と原子の最大収容数の関係　15
- 2.2　電子はどの軌道に入るか──電子配置………………………………15
  - エネルギー準位の低い順に電子が入る　15

　　　　　水素原子とヘリウム原子の電子配置　15
　　　　　リチウム原子からネオン原子までの電子配置　16
　　　　　ナトリウム原子からアルゴン原子までの電子配置　18
　　　　　イオンの電子配置　18
　　2.3　原子の価電子と電子式 ·· *19*
　　　　　価電子　19
　　　　　価電子に注目した表し方——原子の電子式　19
　　2.4　元素の周期律 ··· *20*
　　　　　同じ性質が周期的に現れる——周期律　20
　　　　　元素の性質が一目でわかる周期表　21
　　2.5　分子を形成する共有結合 ·· *21*
　　　　　分子式で分子を表す　21
　　　　　分子軌道は原子軌道の重なり　22
　　2.6　分子の電子式から構造式・示性式・分子式へ ························· *23*
　　　　　分子の電子式の作り方　23
　　　　　共有結合の種類　24
　　　　　構造式と示性式の作り方　25
　　　　　構造式から分子式へ戻る　26
　章末問題 ··· *27*

3章　イオン性物質とイオン結合　　29

　　3.1　イオンの種類 ··· *29*
　　　　　電荷による分類——陽イオンと陰イオン　29
　　　　　原子数による分類——単原子イオンと多原子イオン　30
　　3.2　イオンの名称 ··· *31*
　　　　　陽イオンの名前のつけ方　31
　　　　　陰イオンの名前のつけ方　32
　　3.3　イオン結合と組成式 ··· *32*
　　　　　クーロン力で結びつくイオン結合　32
　　　　　イオンを表すときには組成式を用いる　33
　　　　　組成式の作り方　33
　　3.4　イオン性物質の名前のつけ方 ··· *34*
　章末問題 ··· *36*

4章　粒子間の結合　　37

　　4.1　強い化学結合 ··· *37*
　　　　　分子を作る共有結合　37

電気の力で結びつくイオン結合　37
　　　電気を通す金属結合　38

4.2　弱い分子間結合 ... 39
　　　分子間結合はゆるやかな結合　39
　　　分子間の弱い結合——ファンデルワールス結合　39
　　　結合には電気的な偏りがある——結合の極性　39
　　　結合の極性により分子の極性が生じる　41
　　　水素結合　42

4.3　規則正しい結晶 ... 43
　　　規則正しい配列をした固体——結晶　43
　　　分子でできた分子結晶　43
　　　共有結合でつながっていく共有結合結晶　43
　　　イオンが並んだイオン結晶　45
　　　金属結晶　45

章末問題 ... 46

5章　化学の基本である物質量とその単位 mol　47

5.1　原子の相対質量と原子量 ... 47
　　　想像を絶する小さな値——原子の質量　47
　　　相対質量で原子の重さを表す　47
　　　原子質量単位（原子質量定数）を定義する　49
　　　原子量は同位体の質量の平均値　50

5.2　分子量と式量の求め方 ... 51
　　　分子量は分子の相対質量　51
　　　分子を作らない物質の場合は——式量　52

5.3　アボガドロ数と物質量 ... 52
　　　集団で扱おうという考え方　52
　　　分子や原子をまとめて考える——物質量　53

章末問題 ... 54

6章　物質量と他の物理量との関係　55

6.1　粒子の数と物質量との関係 ... 55
　　　物質量から粒子の数へ　55
　　　粒子の数から物質量へ　55
　　　粒子の数と物質量の相互変換　56

6.2　質量と物質量との関係 ... 57
　　　1molあたりの質量がモル質量　57

　　　　物質量から質量へ　58
　　　　質量から物質量へ　58
　　　　質量と物質量の相互変換　58

6.3　体積と物質量との関係 60
　　　　1molあたりの体積を考える──モル体積　60
　　　　物質量から体積へ　61
　　　　体積から物質量へ　61
　　　　体積と物質量の相互変換　61

6.4　粒子の数・質量・体積と物質量との関係 63
　　　　粒子の数・質量・体積を物質量へ変換するための準備　63
　　　　物質量を経由して他の物理量へ　63

章末問題 65

7章　溶液と濃度　　　　　　　　　　　　　　　　　　　　67

7.1　液体と溶液 67
　　　　物質の三つの状態　67
　　　　液体は固体と液体の中間状態　68
　　　　溶液の構成要素と濃度　68

7.2　質量で考える濃度のいろいろ 69
　　　　最もシンプルな質量分率　69
　　　　お馴染みの質量百分率　70
　　　　質量千分率，質量ppm，質量ppb　71

7.3　物質量で考える濃度その1──モル分率 72
　　　　最もシンプルなモル分率　72
　　　　モル百分率，モル千分率，モルppm，モルppb　73

7.4　物質量で考える濃度その2──モル濃度と質量モル濃度 74
　　　　化学の濃度の単位の基本──モル濃度　74
　　　　質量モル濃度　75

章末問題 76

8章　化学変化と化学反応式　　　　　　　　　　　　　　77

8.1　物質の変化には種類がある 77
　　　　物理変化は状態だけの変化　77
　　　　物質自体が変化するのが化学変化　77

8.2　化学変化を表す化学反応式 78
　　　　化学反応式と化学方程式　78
　　　　反応物・生成物と係数　78

8.3 化学反応式の作り方⋯⋯79
最も基本的な目算法　79
複雑な場合に用いる未定係数法　81

章末問題⋯⋯83

9章　化学変化に伴う物理量の量的な関係　85

9.1 化学反応式の表す意味⋯⋯85
化学変化に伴う粒子の数の量的な関係　85
化学変化に伴う物質量の量的な関係　85
化学変化に伴う質量の量的な関係　86
化学変化に伴う体積の量的な関係　87

9.2 酸素との激しい化合反応——燃焼⋯⋯88
金属も燃える？　88
有機化合物が燃焼すると　89

9.3 金属と酸との反応⋯⋯90
金属と塩酸との反応　90
金属と硫酸との反応　90

9.4 酸と塩基との反応——中和⋯⋯92
塩酸と水酸化ナトリウムとの反応　92
硫酸と水酸化ナトリウムとの反応　93

章末問題⋯⋯94

付録　化学を学ぶ際の基礎事項　95

A.1 指数と対数⋯⋯95
指数　95
対数　96

A.2 物理量と単位⋯⋯96
物理量　96
単位　96
接頭語　97

A.3 有効数字⋯⋯98
有効数字とは　98
有効数字を明らかにした数値の表記法　98
有効数字を考慮した測定値の加法・減法　98
有効数字を考慮した測定値の乗法・除法　99

索引　101

元素記号は化学のアルファベット

【この章で学ぶこと】 英語を学ぼうと思ったら，最初にアルファベットを覚えなければならない．日本語なら，あいうえお（50音）だ．化学の世界でアルファベットや50音に相当するのが元素記号である．
　このようにたとえると，元素記号を覚えずに化学を学ぶことはほぼ不可能なことがわかるだろう．この章では，化学の内容に踏み込む前に，まずは元素記号について学習しよう．

0.1 化学の勉強は英語の勉強と同じ？

　みなさんは，ほぼ例外なく英語を学んでいるはずだ．その際，まず「a, b, c, …」とアルファベットを覚え，続いてアルファベットの組合せである apple, book, car などの基本的な単語を覚えていっただろう．これらを覚えることなしに英語の勉強を進められないことは明らかである．
　そういう意味では，化学の勉強も英語の勉強とよく似ている．化学の最も基本となるのが，H, C, N, O, Na などの元素記号であり，これらの組合せで O_2, H_2O, CO_2, NH_3, NaOH などの化学式ができる．すなわち，英語のアルファベットに相当するのが元素記号であり，単語に相当するのが化学式である．英語を学ぶにはアルファベットや単語を覚える必要があるように，化学を学ぶには基本的な元素記号や化学式を覚えておく必要がある．
　では，その元素記号について以下で学んでいこう．

0.2 便利な元素記号

　どんな物質も，原子という非常に小さな粒子からできている．そして，それぞれの原子は原子番号という番号をもっており，原子番号が同じ原子は，同じ種類の元素である[*1]．たとえば，原子番号が6の原子は，すべて炭素である．
　このように，元素の種類は原子番号によって決まる．すなわち，原子番号が1なら水素，2ならヘリウム，6なら炭素，8なら酸素というように，原子番号が決まれば元素が決まる．
　化学を勉強していくと，何度も元素を書き示す必要が出てくる．英語で何度も単語を書かねばならないのと同様である．そういうときに，いちいち「水素」や「ヘリウム」のように書いていたのでは煩わしい．そこで，アルファベットを用いて元素を表すようになった．たとえば，水素はH，ヘリウムはHeである[*2]．このような記号を元素記号という．

[*1] 原子，原子番号，元素がどういうものかは1章で学ぶ．

one point

炭素原子の重さはすべて同じではなく，通常の炭素原子以外に，少し重い炭素原子もある．天然では，炭素原子100個のうち，99個が通常の炭素原子，残りの1個が少し重い炭素原子である．

[*2] H は hydrogen の，He は helium の略語である．

元素記号は，通常はアルファベット1文字または2文字で表され，1文字の場合は大文字のみ，2文字の場合は大文字＋小文字となっている．「水素」や「ヘリウム」などと書いても日本でしか通じないが，HやHeなどと書けば世界中の人に理解してもらえる．元素記号は万国共通の言語なのだ．

0.3　覚えておいたほうがよい元素記号

*3　2016年6月に，ロシアの物理学者 Y. Oganessian にちなんで，オガネソンと命名された．

*4　覚えなければならない英単語の数を考えれば，118個などたいしたことがないともいえる（？）．

本書の見返しに，原子番号1のHから118のOg[*3]までの元素記号が表に整理されている．この表を元素の周期表と呼ぶ．「元素の名前と記号を118個も覚えなければならないの？」という声が聞こえてきそうだが，そのような必要はない．頻繁に登場する元素もあれば，ほとんどお目にかからない元素もある．当面は，よく出てくるものだけを覚えておけばよい[*4]．

化学の勉強を始めるにあたり覚えておく必要のある元素は，表0.1の通りである．これだけの元素記号を覚えておけば，まずは不自由することはないだろう．

▶表0.1　覚えておいたほうがよい元素記号

元素名に＊をつけたものは，とくに頻繁に登場する元素である．まずこれらを覚えよう．この表以外の元素記号に関しては，登場したときに名称を確認すればよい．

原子番号	元素名	元素記号	原子番号	元素名	元素記号
1	水素＊	H	25	マンガン	Mn
2	ヘリウム＊	He	26	鉄＊	Fe
3	リチウム＊	Li	27	コバルト	Co
4	ベリリウム＊	Be	28	ニッケル	Ni
5	ホウ素＊	B	29	銅＊	Cu
6	炭素＊	C	30	亜鉛＊	Zn
7	窒素＊	N	35	臭素（シュウ素）	Br
8	酸素＊	O	36	クリプトン	Kr
9	フッ素＊	F	37	ルビジウム	Rb
10	ネオン＊	Ne	38	ストロンチウム	Sr
11	ナトリウム＊	Na	47	銀＊	Ag
12	マグネシウム＊	Mg	48	カドミウム	Cd
13	アルミニウム＊	Al	50	スズ（錫）	Sn
14	ケイ素＊	Si	53	ヨウ素＊	I
15	リン＊	P	55	セシウム	Cs
16	硫黄（イオウ）＊	S	56	バリウム＊	Ba
17	塩素＊	Cl	78	白金＊	Pt
18	アルゴン＊	Ar	79	金＊	Au
19	カリウム＊	K	80	水銀＊	Hg
20	カルシウム＊	Ca	82	鉛	Pb
22	チタン	Ti	88	ラジウム	Ra
24	クロム	Cr	92	ウラン	U

0.4 周期表から何がわかる？

元素の周期表は，元素を原子番号の順番に並べた表である．周期表については 2 章で再び学ぶが，ここでは元素の地図のようなものと考えておいてほしい．

まず，族と周期について説明しよう．周期表の縦の列を族，横の行を周期という（図 2.5 参照）．元素の場所は，族と周期で表すことができる．たとえば，Li は 1 族 2 周期，Ga は 13 族 4 周期である．

元素は大きく 2 種類に分けられる．1 族，2 族，12 族〜18 族の元素を典型元素[*5]，それ以外の元素を遷移元素という[*6]．また，元素を金属元素と非金属元素に分ける方法もある．周期表を見れば，元素の大部分が金属元素であり，非金属元素は少数であることがわかるだろう．さらに，非金属元素は周期表の右上にまとまって存在することにも気づく．

次に，周期表を縦に眺めてみよう．1 族の Na と K はいずれも水と激しく反応して水素を発生する．14 族の C と Si はいずれも正四面体型の網目状の結晶を作る．17 族の F，Cl，Br はいずれも H と結合して構造のよく似た物質を作る．このように，典型元素では，同じ族の元素は似たような性質をもつ．

今度は周期表を横に眺めてみよう．第 2 周期に属する典型元素である C，N，O，F は H と結合するとそれぞれメタン（CH_4），アンモニア（NH_3），水（H_2O），フッ化水素（HF）という物質になるが，これらはまったく性質の異なる物質である．このように，典型元素では一つ隣にいけば元素の性質がガラリと変わる[*7]．

これに対して，第 4 周期の Fe，Ni，Co は，いずれも磁石にくっつき，塩酸と反応して水素を発生し，Cl と結合するとそれぞれ $FeCl_2$，$NiCl_2$，$CoCl_2$ という構造のよく似た物質を作る．このように，遷移元素では隣どうしの元素の性質がよく似ている．

以上のように，周期表を眺めると元素について多くの情報が得られる．化学を勉強するときは，常に周期表を眺めながら学んでいこう．

---

one point

元素の族と周期が決まれば，周期表中の位置が一義的に決まる．住所を表すときに「何丁目何番地」とするのとよく似ている．

[*5] かつて 12 族の元素は遷移元素に分類されたが，現在では典型元素とされている．

[*6] 典型元素と遷移元素については，2 章で学ぶ．

[*7] 典型元素の場合，原子番号が一つ異なるだけで元素の性質が極端に変化する．しかし，変化の様子に周期性があるので，これをうまく利用すれば元素の性質をある程度予測することもできる．

1章 原子の内部構造

【この章で学ぶこと】 本章では，化学の基礎となる原子の構造について学ぶ．原子は，原子核と電子から構成され，さらに原子核は，陽子と中性子という2種類の粒子から構成されている．
　原子の構造を理解するためには，二つの重要な数である原子番号と質量数を押さえておく必要がある．さらに，それらの数と，原子のもつ陽子・中性子・電子の数との関係を理解していこう．続いて，原子番号は同じでも質量数の異なる同位体や，帯電した原子であるイオンについても学習する．

> **Key Word**
> 原子，元素，元素記号，原子核，陽子，中性子，核子，電子，原子番号，
> 質量数，同位体（アイソトープ），イオン，陽イオン，陰イオン，イオン式

1.1 原子核と電子

◆電子と原子核の発見

19世紀初頭に，ドルトンは，これ以上分割不可能な究極の粒子があり，どんな物質も原子からできているという原子説を提唱した．

しかし20世紀に入ると，原子は決して物質を構成する最小の粒子ではないことがわかってきた．原子は，さらに微細な粒子からできていることが明らかになってきたのだ．まずトムソンが，原子の中には，負に帯電した粒子である電子があることを発見した．続いてラザフォードが，原子の中心には，正に帯電した粒子である原子核が存在することを明らかにした．

これらの発見により，原子は最小の粒子ではなく，さらに微細な粒子である原子核と電子から構成されていることが明らかになった．

▶ J. Dalton
1766～1844．イギリスの物理学者，化学者．

▶ J. J. Thomson
1856～1940．イギリスの物理学者，1906年ノーベル物理学賞受賞．

▶ E. Rutherford
1871～1937．イギリスの物理学者，1908年ノーベル化学賞受賞．

◆原子核はさらに小さい粒子に分けられる

では，原子の中身について，もう少し詳しく見ていこう．

原子の直径が 10^{-10} m 程度であるのに対して，原子核の直径は（原子の種類により若干の違いはあるが）およそ 10^{-15}～10^{-14} m 程度である[*1]．10^{-10} m ÷ 10^{-14} m = 10^{4}，10^{-10} m ÷ 10^{-15} m = 10^{5} だから，原子の直径は，原子核のそれの 10^{4}（1万）倍から 10^{5}（10万）倍である．原子全体の大きさに比べ，原子核がいかに小さいかがわかるだろう．図1.1に原子の構造を示すが，この図の原子核はかなり大きく描かれている．実際の比率で描けば，原子核や電子はほとんど見えないほど小さくなってしまうため

*1 指数の表し方および計算方法については，付録A.3を参照．

である.次の例題1.1より,このことを実感してほしい.

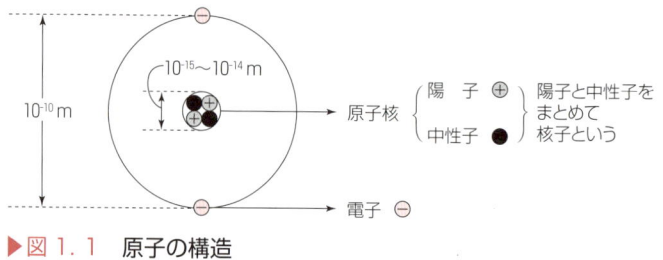

▶図1.1 原子の構造

例題1.1

直径が 1 km (= 1000 m = 10^3 m) の円形の土地がある.この土地を原子にたとえると,原子核の直径はどの程度になるか.ただし,実際の原子および原子核の直径を,それぞれ 10^{-10} m,10^{-14} m とする.

【解 答】 0.1 m (10^{-1} m や 10 cm でも正解)

【考え方】 原子核の直径を x とすると,10^{-10} m : 10^{-14} m = 10^3 m : x より,$x = 10^{-1}$ m = 0.1 m = 10 cm.

原子の中に存在する原子核は,さらに 2 種類の粒子から構成されている.一つは正に帯電した**陽子**であり,もう一つは帯電していない[*2]**中性子**である.陽子と中性子はともに原子核を構成する粒子であるため,この二つ

[*2] 電気的に中性という意味である.

こぼれ話

原子説が認められるまで

古代ギリシャの哲学者は,万物(すべての物質)は何からできているかについて思索した.タレス(B.C. 6 世紀頃)は,万物は水からできているとし,デモクリトス(B.C. 5 世紀頃)は,これ以上分割することのできない究極の粒子である原子からできているとした.その後に登場した哲学界の権威であるアリストテレス(B.C. 4 世紀頃)は,すべての物質は空気,水,土,火の四つからできており,これらの物質はすべて連続で,究極の粒子は存在しないという四元素説を提唱した.彼の考えはその後 2000 年近くも正しいとされ,デモクリトスの説は完全に否定されたままであった.

ところが,1774 年にフランスのラボアジエが,化学反応の前後で反応にかかわる物質の質量の総和は不変であるという質量保存の法則を提唱したのを契機に,これまでの四元素説では説明できない化学反応に関する法則が次々と発見された.

1802 年にイギリスのドルトンは,化学反応を説明するために,物質にはこれ以上分割できない粒子があると仮定し,原子と命名した.そして原子の組合せにより,化学反応を説明した.

ドルトンの考えた原子は,化学反応を説明するために,いわば科学的な思考から考え出された粒子であるのに対して,デモクリトスの原子は,科学的というよりも思索上の概念であった.この点が,両者の大きな違いである.

をまとめて**核子**という．原子核が正に帯電しているのは，その中に陽子が含まれるためである．

以上より，原子は電子・陽子・中性子の3種類の粒子から構成されていることがわかった．それぞれの性質を表1.1に示す．

▶表1.1 陽子・中性子・電子の性質

	英語	記号	質量	電気量
陽 子	proton	p	1.6726×10^{-27} kg	$+1.6022 \times 10^{-19}$ C
中性子	neutron	n	1.6749×10^{-27} kg	0
電 子	electron	e	9.1094×10^{-31} kg	-1.6022×10^{-19} C

◆電気素量と電荷

表1.1に示されるように，陽子と電子のもつ電気の量は，お互いに符号が逆で，大きさ（絶対値）は等しく，1.6022×10^{-19} C[*3]である．この値を**電気素量**といい，電気量の最小単位である．

そして，電気素量を一単位として表した電気量が**電荷**である．電荷は「電気素量の何倍か」を表した値と考えればよい．たとえば，電子は−1の電荷（= 1.6022×10^{-19} C）をもつことになる．

通常の原子では，陽子の数と電子の数が等しい．そのため，原子全体としては正負の電荷が打ち消され，電気的に中性となっている．

*3 Cはクーロンと読み，電気量の単位である．電気量には正負があるので，負の場合には−を数値の前につける．

1.2 原子番号と質量数

◆陽子・中性子・電子の質量を比べると

表1.1にあるように，陽子と中性子がほぼ同じ重さ[*4]なのに対して，電子の質量は非常に小さい．次の例題1.2で確認してみよう．

*4 厳密には，中性子の質量のほうが少しだけ大きい．

例題 1.2

表1.1の値を用いて，陽子の質量や中性子の質量は電子の質量の何倍かを計算せよ．

【解　答】陽子の質量は電子の質量の 1.8361×10^3 倍，中性子の質量は電子の質量の 1.8387×10^3 倍である．

【考え方】陽子の質量を電子の質量で割ると次のようになる．

$$\frac{1.6726 \times 10^{-27} \text{ kg}}{9.1094 \times 10^{-31} \text{ kg}} = 1.83612 \times 10^3$$

与えられた有効数字は5桁なので，小数第6位を四捨五入で切り捨てる[*5]．中性子の場合も同様に計算できる．

*5 有効数字の扱いに関しては，付録A.3を参照．

例題 1.2 からもわかるように，陽子や中性子の質量は，電子のおよそ 1840 倍である．したがって，原子の質量は，陽子の数と中性子の数の和で決まると考えて差し支えない．つまり，電子が一つや二つ増えたり減ったりしても，原子全体の質量にはほとんど影響しない．

◆原子の種類を表す原子番号

原子のもつ陽子の数を原子番号[*6]という．原子番号は原子の種類を表す番号でもある．すなわち，原子番号が同じなら化学的な性質もほとんど同じであり，同じ種類の原子であることを意味する．

この原子の種類を元素という．すなわち，元素とは同じ原子番号をもつ原子の総称である．具体的にいえば，原子番号 1 に対応する（陽子を一つもつ）元素は水素，2 はヘリウム，3 はリチウム，…という具合である．このように，原子番号と元素は一対一に対応する．

[*6] 原子番号は，Z で表されることが多い．

one point
化学を勉強していると，原子番号 1〜20 までの元素が頻繁に登場する．これらの元素に関しては，元素記号とともに，原子番号をあわせて覚えておくほうがよい．

◆質量数は陽子と中性子の数の和

原子のもつ陽子の数と中性子の数の和を質量数[*7]といい，常に整数となる．ここまでに学んだことを式で表してみよう．原子番号を Z，質量数を A，原子のもつ陽子の数を N_p，中性子の数を N_n，電子の数を N_e とすると，次の関係が成り立つ．

$$Z = N_p = N_e \tag{1.1}$$
$$A = N_p + N_n \tag{1.2}$$

[*7] 質量数は A で表されることが多い．

例題 1.3

陽子の数が 4 個，中性子の数が 5 個のベリリウム Be 原子がある．この原子の原子番号と質量数はいくらか．

【解　答】原子番号 4，質量数 9．

【考え方】原子番号は陽子の数と同じだから 4，質量数は陽子の数と中性子の数の和だから $4 + 5 = 9$ である．

　あるいは
　式 (1.1) より $Z = N_p = 4$
　式 (1.2) より $A = N_p + N_n = 4 + 5 = 9$
と考えてもよいだろう．

例題 1.4

原子番号が 9，質量数が 19 のフッ素原子 F がある．この原子のもつ陽子の数，中性子の数および電子の数はいくらか．

【解　答】陽子の数 9 個，中性子の数 10 個，電子の数 9 個．

【考え方】 陽子の数は原子番号に等しいので9個である。中性子の数は，質量数（陽子の数＋中性子の数）から陽子の数（原子番号）を引けば求められるので，19個－9個＝10個である。通常の原子の場合，電気的に中性だから，電子の数は陽子の数に等しいので9個である。あるいは，式（1.1）より $N_p = N_e = Z = 9$ 個，式（1.2）より $N_n = A - N_p = 19$ 個－9個＝10個と考えてもよいだろう。

◆原子番号と質量数の表し方

原子の原子番号と質量数の表示法は，次のように定められている。ある原子の元素記号をXとすると，元素記号の左下に原子番号Zを，左上に質量数Aを書く。つまり，$^A_Z X$ となる。たとえば，原子番号2，質量数4のヘリウム原子は，$^4_2 He$ と表す。

例題 1.5

例にならって，次の原子を原子番号，質量数とともに記号で表現せよ。
（例）原子番号2，質量数4のヘリウム原子：$^4_2 He$
(1) 原子番号3，質量数7のリチウム原子
(2) 原子番号18，質量数40のアルゴン原子
(3) 原子番号47，質量数108の銀原子

【解　答】 (1) $^7_3 Li$, (2) $^{40}_{18} Ar$, (3) $^{108}_{47} Ag$

【考え方】 ヘリウム原子の例にならい，元素記号の左下に原子番号，左上に質量数を書けばよい。

1.3 同位体（アイソトープ）

◆同じ元素でも質量数の異なるものがある

天然に存在する炭素原子の大部分は，質量数12の炭素原子（$^{12}_6 C$）である。しかし，少量ではあるが質量数13（$^{13}_6 C$）や，質量数14（$^{14}_6 C$）の炭素原子も混在している。

いずれも炭素原子なので，原子番号，すなわち陽子の数は同じ6である。しかし，中性子の数は，$^{12}_6 C$，$^{13}_6 C$，$^{14}_6 C$ で，それぞれ6個，7個，8個と異なる（図1.2）。

	$^{12}_6 C$	$^{13}_6 C$	$^{14}_6 C$
$Z (= N_p)$	6	6	6
$A (= N_p + N_n)$	12	13	14
N_n	12 － 6 ＝ **6**	13 － 6 ＝ **7**	14 － 6 ＝ **8**

▶図1.2　炭素原子 $_6 C$ の同位体の原子核
Z：原子番号，A：質量数，N_p：陽子の数，N_n：中性子の数

水素原子についても同様である．天然に存在する水素原子の大部分は，質量数1の水素原子（$^1_1$H）である．しかし，質量数2（$^2_1$H）や，質量数3（$^3_1$H）の水素原子も存在する[*8]．

*8 $^1_1$Hを軽水素，$^2_1$Hを重水素，$^3_1$Hを三重水素という．

◆中性子の数が違うのが同位体

炭素原子や水素原子の例にあるような，原子番号は同じであるが，質量数の異なる原子を互いに**同位体**（アイソトープ）という．これは，原子内の陽子の数は同じ（したがって，電子の数も同じ）だが，中性子の数は異なることを意味する．

one point
たとえば，「炭素の同位体には，$^{12}_6$C，$^{13}_6$C，$^{14}_6$Cがある」というようないい方をする．

例題 1.6

いくつかの原子に関して，原子番号，質量数，陽子の数，中性子の数，電子の数を整理した表を以下に記す．空欄にあてはまる数字や記号を入れよ．

記号	$^1_1$H	$^2_1$H	$^3_1$H					
原子番号				7	7			
質量数				14	15			
陽子の数						8	8	8
中性子の数						8	9	10
電子の数								

【解 答】

記号	$^1_1$H	$^2_1$H	$^3_1$H	$^{14}_7$N	$^{15}_7$N	$^{16}_8$O	$^{17}_8$O	$^{18}_8$O
原子番号	1	1	1	7	7	8	8	8
質量数	1	2	3	14	15	16	17	18
陽子の数	1	1	1	7	7	8	8	8
中性子の数	0	1	2	7	8	8	9	10
電子の数	1	1	1	7	7	8	8	8

【考え方】 2～4列目は，水素原子の同位体である．記号より，原子番号は1，質量数は順に1，2，3である．原子番号が1だから，陽子の数と電子の数はともに1個となり，質量数から原子番号を引けば，中性子の数は順に0，1，2個となる．

5，6列目は，原子番号が7だから，窒素原子の同位体である．原子番号が7，質量数が順に14，15なので，記号は順に，$^{14}_7$N，$^{15}_7$Nとなる．原子番号が7だから，陽子の数と電子の数はともに7個となり，質量数から原子番号を引けば，中性子の数は順に7，8個となることがわかる．

7～9列目は，陽子の数が8個だから，電子の数は8個，原子番号も8となる．よって，酸素原子の同位体である．陽子の数が8個，中性子の数が順に8，9，10個なので，質量数は順に16，17，18となる．したがって，記号は順に，$^{16}_8$O，$^{17}_8$O，$^{18}_8$Oとなる．

1.4 イオン

◆電子が減ると正に帯電

通常の原子では陽子の数と電子の数が等しく，電気的に中性の状態が保たれている．しかし，陽子の数と電子の数に差が生じれば，原子全体が正または負に帯電する．

通常の安定な原子では，原子核中の陽子の数が変化することはあり得ない．可能性があるのは，電子の数の変化である．

たとえば，原子番号 11 のナトリウム原子は，11 個の電子をもつ．そのうちの 1 個は，他の電子に比べて放出されやすい[*9]．この電子が放出されると，電子の数は 10 個に減少する．陽子の数は 11 個のままだから，全体としては電子 1 個分だけ正に帯電することになる（図 1.3）．

> **one point**
> 陽子の数が変化しないのは，多くの原子核が安定で，その中の陽子や中性子も変化しないためである．しかし，原子核の中には放射線を出しながら別の原子核に変化する不安定なものもある．この場合には，陽子の数や中性子の数が変化する．

[*9] 理由は 2 章で学ぶ．

	$_{11}$Na	$_{11}$Na$^+$
Z	11	11
N_p	11	11
N_e	11	10
$N_p - N_e$	11 − 11 = 0	11 − 10 = 1

▶図 1.3　ナトリウム原子 Na とナトリウムイオン Na$^+$
Z：原子番号，N_p：陽子の数，N_e：電子の数

◆電子が増えると負に帯電

逆に，電子を他から受け取って，負に帯電しやすい原子もある．

たとえば，原子番号 9 のフッ素原子は 9 個の電子をもつ．9 個の電子はいずれも安定で，放出されることはほとんどない．逆に，電子を 1 個，外部から受け取ろうとする．電子を受け取ると，電子の数は 10 個に増加する．陽子の数は 9 個のままだから，得た電子 1 個分だけ負に帯電することになる（図 1.4）．

	$_9$F	$_9$F$^-$
Z	9	9
N_p	9	9
N_e	9	10
$N_p - N_e$	9 − 9 = 0	9 − 10 = −1

▶図 1.4　フッ素原子 F とフッ化物イオン F$^-$
Z：原子番号，N_p：陽子の数，N_e：電子の数

◆帯電した原子をイオンという

このように，電子の放出または受容により正または負に帯電した原子の

ことを**イオン**という．図1.3で例にあげたナトリム原子から生じたイオンをナトリウムイオン，図1.4で例にあげたフッ素原子から生じたイオンをフッ化物イオン[*10]という．また，ナトリウムイオンのように正に帯電した原子を**陽イオン**，フッ化物イオンのように負に帯電した原子を**陰イオン**という．

イオンを記号で表すには，元素記号の右上に，放出または受容した電子の数と電荷の種類（＋または−）とを示す．これを**イオン式**という．先述のナトリウムイオン，フッ化物イオンのイオン式は，それぞれ，Na^+，F^-となる．

Na^+ 以外に，水素イオン H^+，リチウムイオン Li^+，マグネシウムイオン Mg^{2+}，アルミニウムイオン Al^{3+} などの陽イオンがある．また，F^- 以外に，塩化物イオン Cl^-，酸化物イオン O^{2-}，硫化物イオン S^{2-} などの陰イオンがある．

なお，イオンのでき方やイオンの名前など，イオンに関する詳細は3章で学ぶ．

[*10] フッ素イオンとはいわない．詳細は3章を参照．

章末問題

1. 直径が 10 cm（= 0.1 m = 10^{-1} m）の球がある．この球を原子にたとえると，原子核の直径はどの程度になるか．ただし，原子および原子核の直径を，それぞれ 10^{-10} m，10^{-14} m とする．

2. 陽子の数が17個，中性子の数が18個の塩素原子がある．この原子の原子番号と質量数はいくらか．

3. 原子番号が13，質量数が27のアルミニウム原子がある．この原子のもつ陽子の数，中性子の数，および電子の数はいくらか．

4. 原子番号が12，質量数が24のマグネシウムイオン Mg^{2+} がある．このイオンのもつ陽子の数，中性子の数，および電子の数はいくらか．

5. 原子番号が16，質量数が32の硫化物イオン S^{2-} がある．このイオンのもつ陽子の数，中性子の数，および電子の数はいくらか．

6. 同位体の関係にある原子について，下記のうち，異なる値になるものを選べ．
原子番号，質量数，陽子の数，中性子の数，電子の数，質量，直径（または半径），体積．

2章 原子の電子配置と共有結合

【この章で学ぶこと】 原子の中心には原子核があり，その周りにはいくつかの電子殻がある．そして，それぞれの電子殻に電子がどのように収容されるかを示したのが電子配置である．電子配置に関する知識は，原子の化学的性質や共有結合の形成のしかたを理解するために不可欠である．原子どうしが結合して分子ができるが，このときの結合が共有結合である．

本章では，まず原子の電子配置を理解するために，電子殻，副殻，原子軌道，原子の電子式，元素の周期律について学んでいく．続いて，共有結合により原子から分子ができるしくみや，分子を表す分子式，電子式，構造式，示性式についても学ぶことにしよう．

> **Key Word**
> 電子殻，副殻，主量子数，方位量子数，原子軌道（原子オービタル），電子配置，
> 価電子，周期律，周期表，分子，分子式，単結合，二重結合，三重結合，
> 電子式，構造式，示性式，共有電子対，非共有電子対（孤立電子対）

2.1 電子殻（主殻）と副殻

◆電子殻は主量子数で決まる

1章で学んだように，原子の中心には原子核があり，その周りに電子がある．その際，電子はどこにでも自由に存在できるわけではなく，原子核の周りの特定の空間に収容されている．この空間を**電子殻**という．

電子殻には，原子核に最も近い電子殻から順に，1，2，3，…，n と正の整数を割り振る．この整数 n を**主量子数**という．また，それぞれの電子殻にはアルファベットの名前がついており，$n = 1$ の電子殻は K 殻，$n = 2$ の電子殻は L 殻，$n = 3$ の電子殻は M 殻である（図 2.1）．

それぞれの電子殻は収容できる電子の数に差があり，それぞれに収容できる電子の数は $2n^2$ 個である．

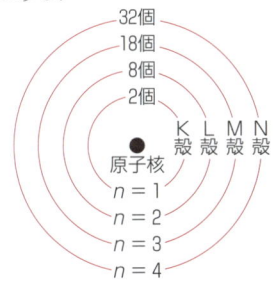

▶図 2.1 **電子殻**
電子殻の名称，収容電子数，主量子数．

> **例題 2.1**
> K殻,L殻,M殻に収容することのできる電子の数はそれぞれいくらか.
> 【解　答】　K殻:2個,L殻:8個,M殻:18個.
> 【考え方】　主量子数nの電子殻には,電子は最大で$2n^2$個まで収容できる.
> 　　K殻では$n=1$だから,$2 \cdot 1^2$個 = 2個,L殻では$n=2$だから,
> 　　$2 \cdot 2^2$個 = 8個となる.
> 　　M殻も同様に考えればよい.

◆副殻は方位量子数で決まる

各電子殻の内部には,さらに小さな副殻と呼ばれる電子殻がある.

電子殻には主量子数nという数字を割り振ったのに対して,副殻には方位量子数lを割り振る.それぞれの電子殻(主殻)に存在する副殻の数は決まっており,主量子数nの電子殻においては,方位量子数lは次の値しか取れないことが知られている.

$$l = 0, 1, 2, \cdots, n-1 \tag{2.1}$$

たとえば,K殻は$n=1$だから,式 (2.1) から,$l=0$のみとなる.すなわち,K殻には$l=0$に対応する1種類の副殻しか存在しない.

> **例題 2.2**
> L殻,M殻に存在する副殻は何種類か.
> 【解　答】　L殻:2種類,M殻:3種類.
> 【考え方】　L殻は$n=2$だから,式 (2.1) より,$l=0, 1$となる.つまり,
> 　　L殻には,$l=0, 1$に対応する2種類の副殻が存在する.M殻は$n=3$だから,式 (2.1) より,$l=0, 1, 2$となり,3種類の副殻が
> 　　存在する.

副殻にも電子殻と同様にアルファベットの名前がつけられており,$l=0, 1$の副殻をそれぞれs軌道,p軌道という.しかし,s軌道はK殻にもL殻にも(すべての電子殻に)あるので,単にs軌道といっても,どの電子殻のs軌道なのかわからない.同様に,p軌道もL殻以上の電子殻に存在するので,これだけでは不十分である.そこでsやpの前に,電子殻の主量子数nを添える.たとえば,K殻に存在するs軌道は$n=1$だから1s軌道,L殻に存在するp軌道は$n=2$だから2p軌道などと表し,区別する.

それぞれの電子殻において,s軌道は1個しか存在しないのに対して,p軌道は3個(それぞれp_x, p_y, p_z軌道と呼ぶ)存在する.これらの軌道の概形を図2.2に示す.

---

one point

副殻と区別する意味で,通常の電子殻を主殻ということもある.また,副殻を原子軌道や原子オービタル,あるいは単に軌道やオービタルと呼ぶこともある.

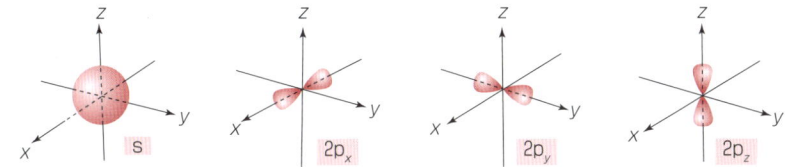

▶図2.2 s軌道とp軌道
s軌道は1種類,p軌道は3種類ある.

◆軌道の数と電子の最大収容数の関係

先に,それぞれの電子殻には $2n^2$ 個の電子が収容できることを説明した.これを軌道(副殻)の数との関係から確かめてみよう.

それぞれの軌道には,2個の電子が収容できる.K殻には,1s軌道しかない.1s軌道は1個なのでK殻の軌道の数は全部で1個であり,最大収容電子数は2個となる.これに対して,L殻には,2s軌道と2p軌道が存在する.s軌道は1個,p軌道は3個なので,L殻の軌道の数は全部で4個であり,最大収容電子数は8個となる.K殻,L殻いずれの場合も,最大収容電子数は $2n^2$ と一致することがわかる.

2.2 電子はどの軌道に入るか——電子配置

◆エネルギー準位の低い順に電子が入る

電子のもつエネルギーは連続ではなく,不連続な値をとる.この不連続なエネルギーの値を**エネルギー準位**(エネルギーレベル)という.原子内の電子は,エネルギー準位の低い軌道から順に配置されていく.

原子内の電子の配置のしかたを**電子配置**という.電子殻のエネルギー準位は,主量子数 n が小さいほど低く,K殻＜L殻＜M殻となる.したがって,電子はK殻→L殻→M殻の順に配置される.また,同一の電子殻内に存在する軌道のエネルギー準位は,方位量子数 l が小さいほど低く,s軌道＜p軌道の順になる.したがって,電子はs軌道→p軌道の順に配置される.

次項で,電子の入る順序を具体的に見ていこう.

◆水素原子とヘリウム原子の電子配置

水素原子 $_1H$ の電子数は1個である.この電子は,エネルギー準位の最も低いK殻に入る.K殻には1s軌道しかないから,この電子は1s軌道に入る.K殻の1s軌道を□,電子を・で表現すると,水素原子の電子配置は回と表現できる.

次に,ヘリウム原子の $_2He$ 電子数は2個であり,いずれもK殻に入る.1s軌道を□,電子を・で表現すると,ここに電子が2個入るので,電子配

置は :. となる．

　原子番号が3以上の原子の電子配置を記述する場合も，慣れるまでは，1個の軌道を□で記述するとわかりやすい．このとき，p 軌道は3個あるので□□□と記す必要があることに注意しよう．図 2.3 に，原子番号1から18までの原子の電子配置を□方式で示した．

電子殻	K	L		M	
軌道	1s	2s	2p	3s	3p
₁H	·				
₂He	:·				
₃Li	:·	·	□□□		
₄Be	:·	:·	□□□		
₅B	:·	:·	·□□		
₆C	:·	:·	·· □		
₇N	:·	:·	· · ·		
₈O	:·	:·	:· · ·		
₉F	:·	:·	:· :· ·		
₁₀Ne	:·	:·	:· :· :·		
₁₁Na	:·	:·	:· :· :·	·	□□□
₁₂Mg	:·	:·	:· :· :·	:·	□□□
₁₃Al	:·	:·	:· :· :·	:·	·□□
₁₄Si	:·	:·	:· :· :·	:·	··□
₁₅P	:·	:·	:· :· :·	:·	· · ·
₁₆S	:·	:·	:· :· :·	:·	:· · ·
₁₇Cl	:·	:·	:· :· :·	:·	:· :· ·
₁₈Ar	:·	:·	:· :· :·	:·	:· :· :·

▶図 2.3　電子配置
₁H から ₁₈Ar まで．

　次に，水素とヘリウムの電子配置を記号で表現してみよう．電子殻（主殻）のみを考慮した場合には，水素の電子配置は K^1，ヘリウムは K^2 と表せる．また，軌道（副殻）まで考慮した場合には，水素の電子配置は $1s^{1*1}$，ヘリウムは $1s^2$ と表せる．ここで，上付数字の1や2は，K殻または 1s 軌道に存在する電子の数を示している．なお，数字が1の場合には省略することもある．

*1　$(K)^1$ や $(1s)^1$ と表すこともある．

◆リチウム原子からネオン原子までの電子配置

　リチウム原子 ₃Li には，電子が3個ある．そのうち2個はK殻に入るが，K殻には2個の電子しか入れない．そこで，3個目の電子は，次のL殻に入る．よって電子配置は，電子殻のみを考えた場合には，K^2L^1 となる．同一の電子殻内（この場合はL殻）に存在する原子軌道のエネルギー準

位は，s 軌道のほうが p 軌道より低いので，3 個目の電子は L 殻の 2s 軌道に入る．よって，副殻まで考慮した場合には $1s^2 2s^1$ となる．

ベリリウム原子 $_4$Be，ホウ素原子 $_5$B についても，$_3$Li 同様に電子配置を決めることができる．

> **one point**
> 電子殻や副殻に割り振られた電子の合計数（電子殻または副殻の右上の数字の合計）が，原子番号と等しくならねばならない．

例題 2.3

ベリリウム原子 $_4$Be，およびホウ素原子 $_5$B の電子配置を，電子殻（主殻）のみを考慮した場合，および副殻まで考慮した場合のそれぞれについて書け．

【解　答】　$_4$Be 電子殻：$K^2 L^2$，副殻：$1s^2 2s^2$
　　　　　　$_5$B 　電子殻：$K^2 L^3$，副殻：$1s^2 2s^2 2p^1$

【考え方】　先述した $_3$Li の電子配置にならって書けばよい．

炭素原子 $_6$C には，電子が 6 個ある．そのうち 2 個は K 殻に入り，残りの 4 個が L 殻に入る．よって電子配置は，電子殻のみを考えた場合には $K^2 L^4$ となる．

ここで，L 殻に入る 4 個の電子に注目してみよう．4 個のうち 2 個はエネルギー準位の低い 2s 軌道に入る．残りの 2 個が 3 個の 2p 軌道に入るが，その入り方には ⊡⊡☐ と ⊡☐☐ の 2 通りが考えられる．3 個の 2p 軌道は，いずれもエネルギー準位が等しい．この場合，電子は別の軌道に 1 個ずつ入る（並行に入る）という規則がある^{*2}．したがって，炭素の 2p 軌道の電子配置は ⊡⊡☐ になる．

*2　フントの規則という．

よって炭素の電子配置は，3 個の p 軌道（p_x，p_y，p_z 軌道）を区別した場合，$1s^2 2s^2 2p_x^1 2p_y^1$ と表せる．ただし，p_x，p_y，p_z はエネルギー準位が等しいため，区別せずに $1s^2 2s^2 2p^2$ と表す場合が多い．

窒素原子の $_7$N 場合も同様である．電子配置は，電子殻のみを考えた場合には $K^2 L^5$，副殻まで考慮した場合には $1s^2 2s^2 2p^3$ となる（☐方式については図 2.3 を参照）．

例題 2.4

酸素原子 $_8$O，フッ素原子 $_9$F，ネオン原子 $_{10}$Ne の電子配置を，電子殻（主殻）のみを考慮した場合，および副殻まで考慮した場合のそれぞれについて書け．

【解　答】　$_8$O　 電子殻：$K^2 L^6$，副殻：$1s^2 2s^2 2p^4$（または $1s^2 2s^2 2p_x^2 2p_y^1 2p_z^1$）
　　　　　　$_9$F　 電子殻：$K^2 L^7$，副殻：$1s^2 2s^2 2p^5$（または $1s^2 2s^2 2p_x^2 2p_y^2 2p_z^1$）
　　　　　　$_{10}$Ne 電子殻：$K^2 L^8$，副殻：$1s^2 2s^2 2p^6$（または $1s^2 2s^2 2p_x^2 2p_y^2 2p_z^2$）

【考え方】　$_6$C や $_7$N の電子配置にならって書けばよい．

◆ナトリウム原子からアルゴン原子までの電子配置

ナトリウム原子 $_{11}$Na には，電子が 11 個ある．そのうち 2 個は K 殻，8 個は L 殻に入るが，L 殻の最大電子収容数は 8 個なので，これ以上電子は入れない．そこで 11 個目の電子は，次の M 殻の s 軌道に入る．よって電子配置は，電子殻のみを考えた場合には $K^2L^8M^1$ となり，副殻まで考慮した場合には $1s^22s^22p^63s^1$ となる．

マグネシウム原子 $_{12}$Mg の場合も同様である．電子配置は，電子殻のみを考えた場合には $K^2L^8M^2$ となり，副殻まで考慮した場合には $1s^22s^22p^63s^2$ となる．

例題 2.5

原子番号 13 のアルミニウム原子 $_{13}$Al から 18 のアルゴン原子 $_{18}$Ar の電子配置を，原子番号の順に，電子殻（主殻）のみを考慮した場合，および副殻まで考慮した場合のそれぞれについて書け．

【解　答】　$_{13}$Al　電子殻：$K^2L^8M^3$，副殻：$1s^22s^22p^63s^23p^1$
　　　　　　$_{14}$Si　電子殻：$K^2L^8M^4$，副殻：$1s^22s^22p^63s^23p^2$
　　　　　　$_{15}$P　 電子殻：$K^2L^8M^5$，副殻：$1s^22s^22p^63s^23p^3$
　　　　　　$_{16}$S　 電子殻：$K^2L^8M^6$，副殻：$1s^22s^22p^63s^23p^4$
　　　　　　$_{17}$Cl　電子殻：$K^2L^8M^7$，副殻：$1s^22s^22p^63s^23p^5$
　　　　　　$_{18}$Ar　電子殻：$K^2L^8M^8$，副殻：$1s^22s^22p^63s^23p^6$

【考え方】　これまでの電子配置の例にならって書けばよい．

◆イオンの電子配置

原子に続いて，イオンの電子配置について考えてみよう．

陽イオンでは，原子の状態よりも電子の数が少なくなっている．たとえば，マグネシウムイオン Mg^{2+} は，Mg が電子を 2 個放出することによって生じる．Mg の電子配置は，$K^2L^8M^2$ または $1s^22s^22p^63s^2$ である（前項参照）．よって Mg^{2+} では，M 殻の 3s 軌道の電子 2 個が失われており，電子配置は K^2L^8 または $1s^22s^22p^6$ となる．

陰イオンでは，原子の状態よりも電子の数が多くなっている．たとえば，フッ化物イオン F^- は，フッ素原子が電子を 1 個受容して生じる．F の電子配置は，K^2L^7 または $1s^22s^22p^5$ である．よって F^- では，L 殻の 2p 軌道にさらに電子 1 個が入り，電子配置は K^2L^8 または $1s^22s^22p^6$ となる．

このように，陽イオンの場合には原子が電子を放出して，陰イオンの場合には原子が電子を受容して，貴ガス（希ガス，18 族元素）と同じ電子配置になる[*3]．

[*3] 一部，例外もあるがここでは詳しく触れない．

例題 2.6

水素イオン $_1H^+$,リチウムイオン $_3Li^+$,アルミニウムイオン $_{13}Al^{3+}$,水素化物イオン $_1H^-$,酸化物イオンの電子配置を $_8O^{2-}$,電子殻(主殻)のみを考慮した場合,および副殻まで考慮した場合のそれぞれについて書け.

【解 答】
$_1H^+$ 電子殻:K^0, 副殻:$1s^0$ *4
$_3Li^+$ 電子殻:K^2, 副殻:$1s^2$
$_{13}Al^{3+}$ 電子殻:K^2L^8, 副殻:$1s^2 2s^2 2p^6$
$_1H^-$ 電子殻:K^2, 副殻:$1s^2$
$_8O^{2-}$ 電子殻:K^2L^8, 副殻:$1s^2 2s^2 2p^6$

【考え方】 $_{12}Mg^{2+}$ や $_9F^-$ の電子配置にならって書けばよい.

*4 電子殻や副殻に電子が入っていない場合には,通常表記しない.しかし,$_1H^+$ の場合,電子がまったく存在せず,Kや1sを省略すれば電子配置が表現できないので,このようにした.

2.3 原子の価電子と電子式

◆価電子

原子の電子配置を表記する際,最も外側の電子殻(最外殻)に存在する電子を最外殻電子という.そのうち,原子がイオンになるときや他の原子と結合するときに重要なものを,価電子という.たとえば,ベリリウム原子 Be の電子配置は K^2L^2 だから,L殻に存在する2個の電子が価電子である.

> **one point**
> ただし,He,Ne,Ar,Krなど,周期表の18族(前見返し参照)に属する原子の場合は,最外殻電子数は2個または8個であるが,価電子数は0個であると見なす.

例題 2.7

次の原子の価電子数を答えよ.なお,元素記号の左下の数字は,原子番号である.

$_3Li$, $_5B$, $_{11}Na$, $_{13}Al$, $_{16}S$, $_{18}Ar$

【解 答】 順に,1個,3個,1個,3個,6個,0個

【考え方】 各原子の電子配置を書き,最外殻に存在する電子の数を把握すればよい.ただし,18族元素については,価電子数を0とする.

> **one point**
> 18族以外の典型元素の原子については,最外殻電子が価電子となる.

◆価電子に注目した表し方——原子の電子式

原子の化学的性質は価電子によって決まるので,価電子は重要である.価電子数は原子の電子配置からわかるが,もっと簡潔に価電子を示す方法があれば便利である.そこで,元素記号の周囲に価電子を・で表現する方法が提案された.これを原子の電子式という.

電子式の作り方には,二つの流儀がある.

第一は,元素記号の上下左右の4カ所に,右回りまたは左回りに,最外殻のs軌道,p軌道(p_x, p_y, p_z 軌道)を順次配置する.そして,電子配置の通りに価電子を・で記す方法である.たとえば,Li は L̇i,Be は B̈e,B は B̈·,C は C̈·,N は ·N̈·,…となる.

> **one point**
> 18族に属する原子の場合は,元素記号の周囲に最外殻電子を・で表現する.たとえば,He,:Ne:,:Ar:,:Kr:のようになる.

第二は，元素記号の上下左右の4カ所に，価電子を・で，順次右回りまたは左回りに記す方法である．たとえば，Li は Li̇, Be は Be̊・, B は Ḃ・, C は ・Ċ, N は ・Ṅ・, …となる．

例題 2.8

次の原子の電子式を書け．なお，元素記号の左下の数字は，原子番号である．

$_8$O, $_9$F, $_{11}$Na, $_{12}$Mg, $_{13}$Al, $_{15}$P

【解　答】

・Ö:　・F̈:　Na　Mġ（または Mġ・）　Ȧl・（または Ȧl・）　・P̈・

【考え方】　各原子の電子配置から価電子数を把握し，電子式の作り方の規則に基づいて書けばよい．

2.4　元素の周期律

◆同じ性質が周期的に現れる──周期律

元素を原子番号の順番に並べると，同じような化学的性質をもった元素が周期的に現れる．これを元素の**周期律**という．周期律は，マイヤーやメンデレーエフらによって独立に発見された．

周期性を示す典型的な例として，価電子の数，融点，沸点，イオン化エネルギー[*5]（イオン化ポテンシャル），電子親和力[*6]，電気陰性度[*7]などがある（図2.4）．

> **one point**
> 2019年は元素の周期律が発見されて150周年となる記念すべき年であり，国際周期表年といわれる．

▶ J. L. Meyer
1830〜1895．ドイツの物理学者・化学者．

▶ D. I. Mendeleev
1834〜1907．ロシアの化学者．

[*5] 原子から電子を取り去るのに必要なエネルギーのこと．

[*6] 原子が電子を受容する際に放出されるエネルギーのこと．

[*7] 原子が電子を引きつける能力のこと．

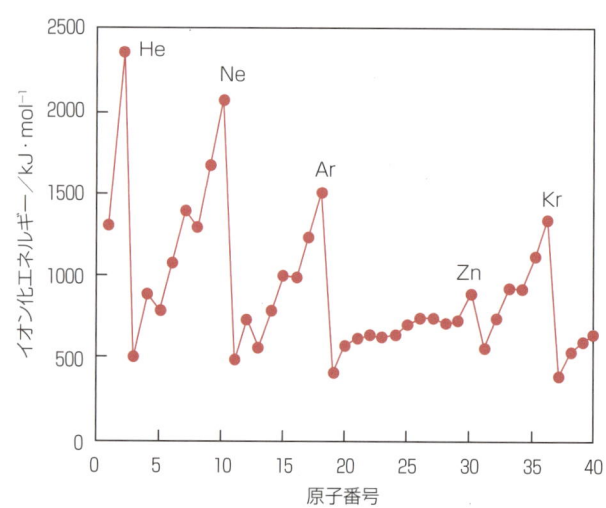

▶図2.4　**イオン化エネルギー**
イオン化エネルギーの単位 $kJ \cdot mol^{-1}$ は，1 mol あたり何 kJ であるかを意味する（kJ はエネルギーの単位であり，1000 J に等しい）．mol（モル）は物質量の単位であり，詳しくは5章で学ぶ．

◆元素の性質が一目でわかる周期表

元素の周期律に従い元素を配列した表を，元素の**周期表**という（図 2.5．前見返しも参照）．周期表の縦の列は**族**と呼ばれ，左から右へ順に，1 族，2 族，…，18 族である．一方，周期表の横の行は**周期**と呼ばれ，上から下へ順に，第 1 周期，第 2 周期，…，第 7 周期である．

元素は大きく二つに分類できる．1 族，2 族，13～18 族に属する元素を**典型元素**，それ以外の元素を**遷移元素**という[*8]．典型元素では，原子番号が変われば元素の性質も急激に変化し，周期性を示すのに対して，遷移元素では変化が緩慢である（図 2.4 のイオン化エネルギーを参照）．また，典型元素では，同じ族に属する元素の性質が似ている．

族には，固有の名称をもつものもある．H 以外の 1 族を**アルカリ金属**，2 族を**アルカリ土類金属**，16 族を**カルコゲン**，17 族を**ハロゲン**，18 族を**貴ガス**（希ガス）という．

[*8] 12 族は典型元素に分類されることもある．

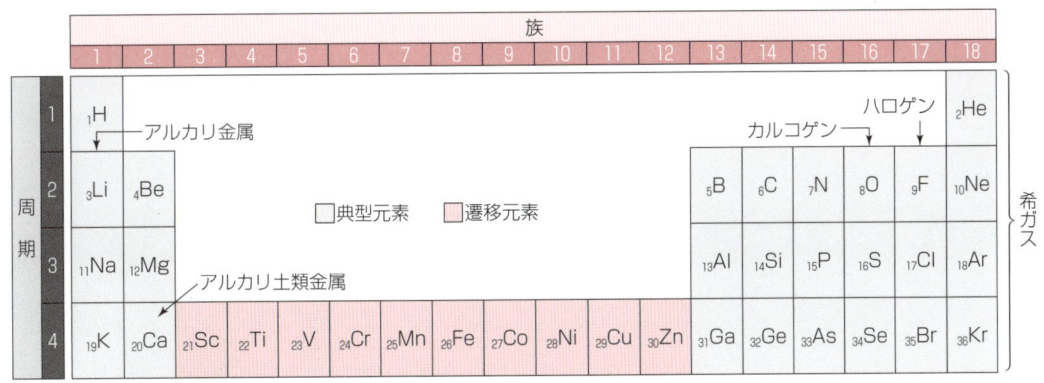

▶図 2.5　元素の周期表
第 4 周期までの周期表．

2.5　分子を形成する共有結合

◆分子式で分子を表す

原子と原子が結合すると**分子**ができ，そのときに生じる原子間の結合を**共有結合**という．また分子は，それを構成する原子の数により，**二原子分子**，**三原子分子**などと呼ばれる．たとえば，酸素分子 O_2 は 2 個の原子でできているので二原子分子，水分子 H_2O は 3 個の原子でできているので三原子分子である．

H_2 や H_2O のように，分子を構成する原子の種類と数を表した式を**分子**

---

one point

周期表の 18 族に属する He，Ne，Ar，Kr，Xe，Rn はいずれも，原子のまま単独で存在する．本来なら原子と呼ぶべきであるが，慣例上，1 個の原子からできた分子と考えられ単原子分子と呼ばれる．

式という．分子式において，元素記号の右下の数字は，分子内に含まれる原子の数を表す．たとえば，水素分子の分子式はH_2であり，水素原子2個からできていることを意味する．おもな分子の名称と分子式を，表2.1に示す．*印をつけた分子に関しては，基本的な分子なので，名称と分子式をあわせて覚えてほしい．

▶表2.1　分子の名称と分子式
*の分子の名称と分子式を覚えよう．

分子（単体）	分子式	分子（化合物）	分子式
水素*	H_2	水*	H_2O
窒素*	N_2	過酸化水素	H_2O_2
酸素*	O_2	アンモニア*	NH_3
オゾン	O_3	メタン*	CH_4
フッ素*	F_2	エタン*	C_2H_6
塩素*	Cl_2	エチレン*	C_2H_4
臭素*	Br_2	アセチレン*	C_2H_2
ヨウ素*	I_2	ベンゼン	C_6H_6
リン（白リン）*	P_4	フッ化水素*	HF
硫黄（斜方硫黄）*	S_8	塩化水素*	HCl
ヘリウム*	He	臭化水素	HBr
ネオン*	Ne	ヨウ化水素	HI
アルゴン*	Ar	硫化水素*	H_2S
クリプトン	Kr	一酸化炭素*	CO
キセノン	Xe	二酸化炭素*	CO_2
ラドン	Rn	一酸化窒素*	NO
		二酸化窒素*	NO_2
		二酸化硫黄*	SO_2
		三酸化硫黄	SO_3
		硝酸*	HNO_3
		硫酸*	H_2SO_4
		メタノール*	CH_4O
		エタノール*	C_2H_6O
		ギ酸	CH_2O_2
		酢酸*	$C_2H_4O_2$

◆分子軌道は原子軌道の重なり

分子ができる際に，各原子のもつ原子軌道が重なって新しい**分子軌道**が形成されるという考えを**分子軌道法**という．とくに，H_2のように，2個の原子から分子ができる場合には，片方の原子の原子軌道（ψ_1：プサイ）と，もう片方の原子の原子軌道（ψ_2）の一次結合（足し合わせ）により，新しい二つの分子軌道（ϕ_1：ファイとϕ_2）が形成される．これを，水素分子を例に見てみよう．

水素分子H_2は，2個の水素原子Hからできている．2個のHの1s軌道[*9]から，**結合性軌道**であるϕ_1と**反結合性軌道**であるϕ_2ができる．そして，それぞれのH原子の1s軌道にあった電子がϕ_1に入り，新たに**電子対**（2個の電子の組）を形成して，H_2が生成する（図2.6）．

[*9] これが上記のψ_1とψ_2にあたる．

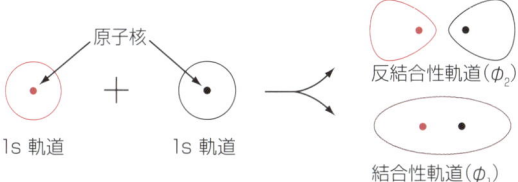

▶図2.6 分子軌道ができる様子
2個の水素原子の 1s 軌道から,二つの分子軌道 ϕ_1 と ϕ_2 ができる.1s 軌道の電子は,このうちの ϕ_1(結合性軌道)に入る.

2.6 分子の電子式から構造式・示性式・分子式へ

◆分子の電子式の作り方

分子軌道法により,分子のできる様子や電子配置が説明できる.しかし,F_2 のような二原子分子でさえ,その分子軌道の様子は単純ではない.ましてや多原子分子となると,非常に複雑になる.

そこで,分子軌道法に代わり,原子の電子式を用いて分子の電子配置を簡便に表現したのが,分子の電子式である.以下,水素分子 H_2 とフッ素分子 F_2 を例にあげて説明する.

まず,水素分子 H_2 の電子式について考えてみよう.水素原子の電子式 H・ を用いると,水素分子 H_2 は

$$H\cdot + \cdot H \longrightarrow H:H \tag{2.2}$$

のように表せる.式 (2.2) 右辺の H:H が水素分子 H_2 の電子式であり,2個の H の間にある : は,結合性軌道 ϕ_1 に入っている電子対を表している.そして,この電子対は2個の水素原子により共有されるので,共有電子対と呼ばれる.

次に,フッ素分子 F_2 の電子式について考えてみよう(図2.7).電子式で問題になるのは最外殻に存在する価電子のみである.F 原子の電子式は :F̈・ だから,F_2 は

$$:\!\ddot{F}\!\cdot\; +\; \cdot\!\ddot{F}\!: \longrightarrow :\!\ddot{F}\!:\!\ddot{F}\!: \tag{2.3}$$

のように形成される.式 (2.3) 右辺の :F̈:F̈: が F_2 の電子式であり,2個

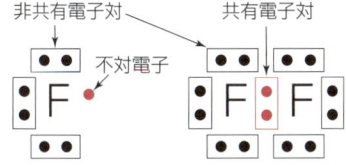

▶図2.7 フッ素分子の電子式
2個のフッ素原子の不対電子が共有電子対を作ることによりフッ素分子が形成される.

のFの間にある：は，F_2の結合性軌道に入っている共有電子対を表す．F原子には，共有結合を形成する前からすでに3組の電子対が存在し，これらを**非共有電子対**（孤立電子対）という．これに対して，対を作らない電子を**不対電子**という．

以上のように，分子の電子式は，まず分子を構成する原子の電子式を書き，次に不対電子を組み合わせて共有電子対を作れば容易に作成できる．ただし，ホウ素原子や炭素原子の電子式は，他の原子との共有電子対の生成を考慮してB・，C・ではなく，B・，・C・を用いる[*10]．

*10 s軌道とp軌道が混成して，新しく形成される混成軌道を考慮するためである．詳細は物理化学の講義で学ぶ．

◆共有結合の種類

共有結合のうち，原子間に共有電子対が一組形成される場合を**単結合**（一重結合），二組，三組形成される場合を，それぞれ**二重結合**，**三重結合**という．

たとえば，酸素分子O_2の場合は，O原子間は二重結合となり，電子式は :Ö::Ö: となる．窒素分子N_2の場合には，N原子間は三重結合となり，電子式はN:::Nとなる．

メタン分子CH_4の場合には，CとHの間の結合はすべて単結合，エタン分子C_2H_6の場合も，CとHおよびCとCの間の結合はすべて単結合となる．これに対して，エチレン分子C_2H_4やアセチレン分子C_2H_2の場合には，CとHの間の結合はすべて単結合であるのに対して，CとCの間の結合は，それぞれ二重結合，三重結合となる．

例題2.9

次の分子の電子式を書け．なお，分子の名称の後に書かれた化学式は，分子式である．
(1) フッ化水素 HF, (2) アンモニア NH_3, (3) 水 H_2O, (4) テトラクロロメタン CCl_4, (5) プロパン C_3H_8, (6) 二酸化炭素 CO_2, (7) メタノール CH_4O, (8) エタノール C_2H_6O（分子の端にOHがある），(9) ジメチルエーテル C_2H_6O（分子の中央にOがある）

【解 答】
(1) H:F̈:   (2) H:N̈:H   (3) H:Ö:H
                 H

           :C̈l: H H H
(4) :C̈l:C:C̈l: (5) H:C:C:C:H   (6) :Ö::C::Ö:
           :C̈l: H H H

(7) H:C̈:Ö:H　(8) H:C̈:C̈:Ö:H　(9) H:C̈:Ö:C̈:H
　　　 H H 　　　　 H H 　　　　 H H　　　　
　　　(H上下) 　　　(H上下×2) 　　　(H上下×2)

【考え方】 原子の電子式を書き，異なる原子間の不対電子を組み合わせて，共有電子対を作ればよい．ただし，C は混成軌道を形成するので，電子式を書く際，価電子を最初から元素記号の上下左右に 1 個ずつ書き，不対電子の形にしておくとよい．

◆構造式と示性式の作り方

分子の電子式において，共有電子対一組を 1 本の線（**価標**）で表現した式を**構造式**という．原子間の共有結合が二重結合や三重結合の場合には，価標はそれぞれ＝，≡となる．

分子の電子式や構造式は，いずれも分子内に含まれる原子の種類や数，結合順序を明記するために用いられる．しかし，電子式では原子の共有電子対をすべて表記しなければならず，たいへん面倒である．そこで，化学では，電子式よりも価標を用いた構造式がよく用いられる．

たとえば水素分子の場合，電子式が H:H だから構造式は H−H となる．フッ素分子の場合は，分子式が :F̈:F̈: より構造式は F−F となる．同様に，酸素分子，窒素分子の構造式はそれぞれ O＝O，N≡N となる．非共有電子対に関しては，何も記さない．

例題 2.10

例題 2.9 にある分子の構造式を書け．

【解　答】
(1) H−F　　(2) H−N−H　(3) H−O−H
　　　　　　　　　│
　　　　　　　　　H

　　　Cl　　　　　H H H
(4) Cl−C−Cl　(5) H−C−C−C−H　(6) O＝C＝O
　　　│　　　　　│ │ │
　　　Cl　　　　 H H H

　　　H　　　　　 H H　　　　　 H H
(7) H−C−O−H　(8) H−C−C−O−H　(9) H−C−O−C−H
　　　│　　　　　│ │　　　　　 │ 　│
　　　H　　　　　 H H　　　　　 H 　H

【考え方】 分子の電子式で表現される電子対のうち，共有電子対を価標に直せばよい．

水素やアンモニアのように，原子数が少ない分子の構造式は単純である．しかし原子数が増すと，構造式も複雑になる．そこで，原子数が多い分子に関しては，構造式を簡易に表現した示性式が使われる場合が多い．

たとえば，プロパンは $CH_3-CH_2-CH_3$（$CH_3CH_2CH_3$），メタノールは CH_3-OH（CH_3OH），エタノールは CH_3-CH_2-OH（CH_3CH_2OH または C_2H_5OH）のように表す．

このように，示性式では価標をすべて省略するか，あるいは骨格となる原子間の共有結合以外をすべて省略する．

◆構造式から分子式へ戻る

原子の電子式から，分子の電子式，さらには構造式（構造の複雑な分子については示性式）の作り方について述べた．電子式や構造式（または示性式）を見れば，分子の中に含まれる原子の種類と数，さらには原子の結合している順序がわかる．例題 2.10 のエタノールの構造式を見れば，C 原子が 3 個の H 原子および別の C 原子と結合し，別の C 原子は 2 個の H 原子および O 原子と結合していることがわかる．さらに，O 原子は H 原子と結合しているという情報も得られる．

分子を構成する原子の種類と数だけが必要で，結合の順序は問わないという場合には，電子式や構造式を用いる必要はなく，単に分子式で表現すればよい．エタノールの場合，エタノール 1 分子中に，C 原子 2 個，H 原子 6 個，酸素原子 1 個が含まれる．これより，エタノールの分子式は C_2H_6O となる．

分子式を作る際には，分子中に含まれる原子を，C，N，H，S，F，Cl，Br，I，O の順に書く．そして，元素記号の右下に原子の数を書く．ただし，1 の場合は省略する．

例題 2.11

例題 2.10 で記した構造式を分子式に直せ．

【解　答】　例題 2.9 の分子の名称の後に書かれた分子式．

【考え方】　構造式より，分子を構成する原子の種類と数を調べればよい．
(1) の H–F では，H 原子，F 原子がそれぞれ 1 個ずつ含まれるので，分子式は HF となる．以下，同様である．

章末問題

1. 原子番号1から18までの原子について，電子殻（主殻）のみを考慮した電子配置を書け．

2. 原子番号1から18までの原子について，副殻まで考慮した電子配置を書け．

3. 教科書を見ずに，原子番号1から18までの原子の電子式を書け．ただし，18族元素の価電子は0とせよ．

4. 次のイオンの電子配置を，電子殻（主殻）のみを考慮した場合，および副殻まで考慮した場合のそれぞれについて書け．なお，元素記号の左下の数字は，原子番号である．

    $_4Be^{2+}$，$_{11}Na^+$，$_{16}S^{2-}$，$_{17}Cl^-$

5. 元素の周期律を用いて，原子番号35の臭素原子の価電子の数とイオン化エネルギー，電子親和力，電気陰性度（ポーリングの値）の値を予想せよ．

    予想に際しては，つぎのデータを参考にせよ．なお，元素記号の左下の数字は原子番号である．

元素記号	価電子数	イオン化エネルギー /kJ・mol^{-1}	電子親和力 /kJ・mol^{-1}	電気陰性度
$_7N$	5	1402	−7	3.0
$_8O$	6	1314	141	3.4
$_9F$	7	1681	322	4.0
$_{10}Ne$	0	2081	−29	
$_{15}P$	5	1012	72	2.2
$_{16}S$	6	1000	204	2.6
$_{17}Cl$	7	1251	349	3.2
$_{18}Ar$	0	1520	−35	
$_{33}As$	5	947	77	2.2
$_{34}Se$	6	941	195	2.6
$_{36}Kr$	0	1351	−39	

6. 次の分子の電子式を書け．なお，分子の名称の後に書かれた化学式は分子式である．
   (1) 塩化水素 HCl
   (2) 硫化水素 H_2S
   (3) トリクロロメタン $CHCl_3$
   (4) ブタン C_4H_{10}（2通りある）

(5) プロパノール C_3H_8O (分子に OH が含まれており, 2 通りある)

(6) プロペン C_3H_6 (C と C の間の結合は二重結合)

(7) プロピン C_3H_4 (C と C の間の結合は三重結合)

7. 章末問題 6 の分子の構造式を書け(電子式の結果を参考にせよ).

8. 章末問題 6 の (4), (5) の分子の示性式を書け.

9. 章末問題 7 の構造式を再び分子式に戻せ.

3章 イオン性物質とイオン結合

【この章で学ぶこと】 陽イオンと陰イオンが結合して生じるのがイオン性物質である．また，そのときにイオンとイオンを結びつけているのがイオン結合である．イオン結合は，陽イオンと陰イオンの間の電気的引力（クーロン力）により生じる．

本章で，イオンの種類と名称，イオン結合のでき方，さらにはイオン性物質の組成式の作り方や名称について学習しよう．

Key Word
イオン，価数，陽イオン（カチオン），陰イオン（アニオン），
単原子イオン，多原子イオン，イオン式，イオン結合，クーロン力（静電気力），
イオン結晶，イオン性物質，組成式，化学式

3.1 イオンの種類

◆電荷による分類──陽イオンと陰イオン

すでに1章で述べたように，帯電した原子を**イオン**という．また，帯電した原子団[*1]もイオンと呼ばれる．つまりイオンとは，帯電した原子や原子団のことをいう．

イオンは，Mg^{2+}やOH^-のように，原子や原子団の右上に電荷の種類（正または負）と数を付記した**イオン式**で表現される．この電荷の数をイオンの**価数**といい，1価，2価，3価，…のように呼ぶ．1価の場合には，数字1は表記せず，H^+やCl^-のように表す．

イオンは，帯電した電気の種類により二つに分けられる．正に帯電した**陽イオン**（カチオン）と，負に帯電した**陰イオン**（アニオン）である．

では，代表的なイオンをいくつか紹介しよう．1価の陽イオンにはH^+，Li^+，Na^+，Ag^+，H_3O^+，NH_4^+などが，2価の陽イオンにはMg^{2+}，Ca^{2+}，Cu^{2+}，Zn^{2+}などが，また3価の陽イオンにはAl^{3+}，Fe^{3+}，Cr^{3+}などがある．

一方，1価の陰イオンにはF^-，Cl^-，OH^-，NO_3^-，HCO_3^-などが，2価の陰イオンにはO^{2-}，S^{2-}，SO_4^{2-}，CO_3^{2-}などが，3価の陰イオンにはPO_4^{3-}などがある．

これらを含め，表3.1におもなイオンのイオン式と名称を示す．今の段階では，このうち，*印をつけたイオンの名称とイオン式を知っておけば十分である．これら以外のイオンに関しては，新たに登場した段階で覚えればよい．

[*1] 2個以上の原子の集合を原子団という．原子団のイオンには，H_3O^+，NH_4^+，OH^-，NO_3^-などがある．

3章◆イオン性物質とイオン結合

▶表3.1 イオンの名称とイオン式

まずは、＊のついたイオンの名称とイオン式を覚えよう．

陽イオン（カチオン）	イオン式	陰イオン（アニオン）	イオン式
水素イオン＊	H^+	水素化物イオン	H^-
リチウムイオン＊	Li^+	フッ化物イオン＊	F^-
ナトリウムイオン＊	Na^+	塩化物イオン＊	Cl^-
カリウムイオン＊	K^+	臭化物イオン＊	Br^-
ルビジウムイオン	Rb^+	ヨウ化物イオン＊	I^-
セシウムイオン	Cs^+	水酸化物イオン＊	OH^-
銅(I)イオン	Cu^+	亜硝酸イオン	NO_2^-
銀イオン＊	Ag^+	硝酸イオン＊	NO_3^-
オキソニウムイオン＊	H_3O^+	次亜塩素酸イオン	ClO^-
アンモニウムイオン＊	NH_4^+	亜塩素酸イオン	ClO_2^-
ベリリウムイオン	Be^{2+}	塩素酸イオン	ClO_3^-
マグネシウムイオン＊	Mg^{2+}	過塩素酸イオン	ClO_4^-
カルシウムイオン＊	Ca^{2+}	過マンガン酸イオン	MnO_4^-
ストロンチウムイオン	Sr^{2+}	ギ酸イオン	$HCOO^-$
バリウムイオン＊	Ba^{2+}	酢酸イオン＊	CH_3COO^-
マンガン(II)イオン	Mn^{2+}	炭酸水素イオン	HCO_3^-
鉄(II)イオン＊	Fe^{2+}	硫酸水素イオン	HSO_4^{2-}
コバルト(II)イオン	Co^{2+}	酸化物イオン＊	O^{2-}
ニッケル(II)イオン	Ni^{2+}	硫化物イオン＊	S^{2-}
銅(II)イオン＊	Cu^{2+}	過酸化物イオン	O_2^{2-}
亜鉛イオン＊	Zn^{2+}	亜硫酸イオン	SO_3^{2-}
鉛(II)イオン	Pb^{2+}	硫酸イオン＊	SO_4^{2-}
アルミニウムイオン＊	Al^{3+}	炭酸イオン＊	CO_3^{2-}
鉄(III)イオン＊	Fe^{3+}	クロム酸イオン	CrO_4^{2-}
クロム(III)イオン	Cr^{3+}	二クロム酸イオン	$Cr_2O_7^{2-}$
マンガン(IV)イオン	Mn^{4+}	窒化物イオン	N^{3-}
鉛(IV)イオン	Pb^{4+}	リン酸イオン	PO_4^{3-}

例題3.1

次のイオンを，陽イオンと陰イオンに分類せよ．
　　K^+, Ca^{2+}, Br^-, CO_3^{2-}, Ag^+, I^-, HCO_3^-

【解　答】　陽イオン：K^+, Ca^{2+}, Ag^+
　　　　　　陰イオン：Br^-, CO_3^{2-}, I^-, HCO_3^-

【考え方】　イオン式の右上に書かれた電荷の種類を見ればよい．＋なら陽イオン，−なら陰イオンである．

◆原子数による分類──単原子イオンと多原子イオン

　イオンは，イオンを構成する原子の数で分類することもできる．1個の原子からできた<u>単原子イオン</u>と，2個以上の原子（すなわち原子団）からできた<u>多原子イオン</u>である．

単原子イオンには，H^+，Li^+，Na^+，Mg^{2+}，Al^{3+}，H^-，O^{2-}，S^{2-}，Cl^-などがあり，多原子イオンには，H_3O^+，NH_4^+，OH^-，NO_3^-，SO_4^{2-}などがある．

この分類は，陽イオンや陰イオンという分類と組み合わせられる．たとえば，Na^+は1個の原子からできた陽イオンだから単原子陽イオン，OH^-は2個の原子からできた陰イオンだから多原子陰イオンとなる．

例題 3.2

例題3.1のイオンを，単原子イオンと多原子イオンに分類せよ．

【解 答】　単原子イオン：K^+，Ca^{2+}，Br^-，Ag^+，I^-
　　　　　多原子イオン：CO_3^{2-}，HCO_3^-

【考え方】　イオンを構成する原子の数を見ればよい．1個の原子だけからできたイオンは単原子イオン，2個以上の原子からできているイオンは多原子イオンである．

3.2　イオンの名称

◆陽イオンの名前のつけ方

イオンの名称はどのように決められているのだろうか．

多原子イオンの場合には，残念ながら規則はなく，それぞれ固有の名称が定められているので，これを覚えざるを得ない．たとえば，OH^-は水酸化物イオン，NO_3^-は硝酸イオン，NH_4^+はアンモニウムイオン，SO_4^{2-}は硫酸イオンというように，イオン式と名称をあわせて覚える以外に方法はない．

しかし，単原子イオンの場合は，イオンの名称のつけ方には規則性がある．単原子陽イオンの場合は，原子の後に「イオン」をつければ，イオンの名称になる．たとえばNa^+は，ナトリウムNaからできたイオンだから，名称はナトリウムイオンとなる．同様に，Mg^{2+}はマグネシウムイオン，Al^{3+}はアルミニウムイオンとなる．

遷移元素の単原子陽イオンの場合，イオンの価数が複数存在する場合が多い．たとえば，鉄から生じるイオンにはFe^{2+}とFe^{3+}がある．上記の原則に従い，これを鉄イオンと呼べば，両者の区別ができない．そこで，原子名の後にイオンの価数をローマ数字で（ ）内に記し，さらに後に「イオン」をつける．Fe^{2+}なら鉄（II）イオン，Fe^{3+}なら鉄（III）イオンとなる．同様に，Cu^+なら銅（I）イオン，Cu^{2+}なら銅（II）イオンである．遷移元素の単原子陽イオンはこれ以外にも数多く存在するが，当面は，Fe, Cu, Pbには2種類の陽イオンがあり，それらの名称には注意が必要であることを覚えておこう．

> **one point**
> 日本では，国際純正および応用化学連合（IUPAC）で定められた英語の名称を，日本化学会が日本語に翻訳した名称が用いられている．

例題 3.3

次のイオンの名称を答えよ．
Li^+, K^+, Ca^{2+}, Ba^{2+}, Pb^{2+}, Pb^{4+}

【解　答】　順に，リチウムイオン，カリウムイオン，カルシウムイオン，バリウムイオン，鉛(Ⅱ)イオン，鉛(Ⅳ)イオン．

【考え方】　単原子陽イオンの名称は，「原子の名称」+「イオン」になる．ただし，遷移元素から生じた陽イオンで，イオンの価数が複数存在する場合には，原子名の後ろにイオンの価数を（　）に記し，さらに後に「イオン」をつける．

◆陰イオンの名前のつけ方

一方，単原子陰イオンの場合は少々複雑である．原子名の後に「イオン」をつけても，イオンの名称にはならない．たとえば，O^{2-} は酸素 O からできたイオンだから，名称は酸素イオン[*2] となるかというと，そうではない．単原子陰イオンの場合は，原子の名称が「素や黄」で終わる場合，通常これらを削除して「化物」にし，その後に「イオン」をつける．O^{2-} なら酸素の「素」を削って酸「化物」にし，後に「イオン」をつけて「酸化物イオン」となる．同様に，F^- ならフッ化物イオン，S^{2-} なら硫化物イオンとなる．

ただし，H^- に関しては例外で，水素の「素」を削らずに「化物」と「イオン」とをつけ，「水素化物イオン」とする．原子の名称がカタカナ表記の場合も，語尾を変化させずに「化物」と「イオン」とをつける．

*2　酸素イオンといえば，O^+ を指す．

例題 3.4

次のイオンの名称を答えよ．
Cl^-, Br^-, I^-, N^{3-}, P^{3-}

【解　答】　順に，塩化物イオン，臭化物イオン，ヨウ化物イオン，窒化物イオン，リン化物イオン．

【考え方】　単原子陰イオンの名称は，「原子の名称（語尾変化）」+「化物」+「イオン」になる．

3.3　イオン結合と組成式

◆クーロン力で結びつくイオン結合

陽イオンと陰イオンの間には，電気的な引力であるクーロン力（静電気力）が働くため，お互いに引き合って結合する．これが，イオン結合である．ただし，クーロン力は三次元的に働くため，固体を形成するときには，陽イオンと陰イオンが互いに規則正しく配列した結晶が形成される．これ

3.3 ◆ イオン結合と組成式

をイオン結晶[*3]という．原子どうしが共有結合すれば分子が形成されるのに対し（2.5節参照），イオン結合の場合には，分子という単位は形成されない．

イオン結晶を加熱すると融解して液体（溶融塩）になり，さらに加熱を続けると気体に変化する．液体や気体の場合には，イオンは規則正しく配列していない．これらの（液体や気体の）場合も含めて，イオンからできた物質は，広くイオン性物質と呼ばれる．

*3 詳細は4章で学ぶ．

◆イオンを表すときには組成式を用いる

組成式は，物質の中に含まれる原子やイオンを，最も簡単な整数比で表した式である．イオン性物質を表すときにも，この組成式が用いられる．たとえば，塩化ナトリウムの組成式はNaClと表記される．これは，塩化ナトリウムの中に含まれるNa^+とCl^-の割合が，1：1であることを意味する．同様に，塩化マグネシウムの組成式は$MgCl_2$であり，Mg^{2+}とCl^-の割合が，1：2であることを意味する．分子式と同様に，元素記号の右下に添える数字が1の場合には，これを省略する．

組成式はイオン性物質だけではなく，分子にも適用できる．たとえば，エタンという分子の分子式はC_2H_6であり，これはエタン分子中にCが2個，Hが6個含まれることを意味する．このとき，C原子とH原子の割合は，2：6 = 1：3である．したがって，エタン分子の組成式はCH_3となる．同様に，エチレン分子およびアセチレン分子の組成式は，それぞれCH_2とCHとなる．ちなみにプロパン分子の場合には，分子式がC_3H_8であり，この中に含まれるC原子とH原子の割合は，3：8で，これ以上約分できない．そこで，組成式は分子式と同じC_3H_8となる．同様に，メタン分子の場合も，分子式，組成式ともにCH_4となる．

ここまでに出てきた元素記号，イオン式，分子式，組成式，電子式，構造式，示性式などをまとめて，化学式という．

> **one point**
> 液体や気体の状態でも，その中に含まれている陽イオンと陰イオンの数の割合は，イオン結晶と同様に，物質によって一定である．

> **one point**
> ここで登場したエタン，エチレン，アセチレン，プロパン，メタンはいずれも基本的な有機化合物である．炭素原子と水素原子だけからできているので，炭化水素に分類される．

◆組成式の作り方

前項のNaClや$MgCl_2$の例をもう一度見てほしい．イオン性物質の組成式は，構成する陽イオン，陰イオンの正負の電荷を足し合わせるとゼロになっている（打ち消し合っている）ことがわかるだろうか．

NaClの場合，正負の電荷が打ち消し合うためには，1価の陽イオン（Na^+）1個に対して，1価の陰イオン（Cl^-）が1個あればよい．$MgCl_2$の場合，2価の陽イオン（Mg^{2+}）1個に対して，1価の陰イオン（Cl^-）が2個必要である．

それでは，3価の陽イオンFe^{3+}と2価の陰イオンO^{2-}の場合はどうなるだろうか．3価の陽イオン1個に対して，2価の陰イオンは3/2 = 1.5個

必要になる．これをそのまま用いれば，$FeO_{1.5}$ となる．しかし，組成式には自然数を用いる必要があり，分数や小数は使ってはいけない．そこで，1：1.5 を 2 倍して，2：3 とする．つまり，3 価の陽イオン 2 個に対して，2 価の陰イオンは 3 個必要であり，組成式は Fe_2O_3 となる．

以上より，陽イオン A^{m+}（A は元素記号，m は陽イオンの価数で自然数）と陰イオン B^{n-}（B は元素記号，n は陰イオンの価数で自然数）からできるイオン性物質の組成式は，A_nB_m と書けることがわかる[*4]．ただし，n と m は最も簡単な整数比であり，1 の場合は省略する．

この規則を理解しておけば，どのような陽イオンと陰イオンの組合せの場合でも，すぐに組成式を作ることができる．たとえば Mg^{2+} と O^{2-} の場合なら Mg_2O_2 となり，2：2 を最も簡単な整数比にすると 1：1 だから，組成式は MgO となる．組成式に多原子イオンが含まれ，その割合が 1 でない場合には，イオン式を（ ）で囲み，その右下に数を添える．たとえば，Al^{3+} と SO_4^{2-} の場合では，組成式は $Al_2(SO_4)_3$ となる．

*4 例外として酢酸ナトリウム CH_3COONa のように，酢酸イオン CH_3COO^-，ナトリウムイオン Na^+ の順に，陰イオンを先に書く場合もある．

例題 3.5

次の陽イオンと陰イオンの組合せでできるイオン性物質の組成式を書け．

K^+ と Br^-，Ca^{2+} と O^{2-}，Al^{3+} と Cl^-，Mg^{2+} と SO_4^{2-}，Fe^{3+} と SO_4^{2-}，NH_4^+ と SO_4^{2-}

【解 答】 順に，KBr，CaO，$AlCl_3$，$MgSO_4$，$Fe_2(SO_4)_3$，$(NH_4)_2SO_4$

【考え方】 陽イオン A^{m+}（m は陽イオンの価数）と陰イオン B^{n-}（n は陰イオンの価数）からできるイオン性物質の組成式は，A_nB_m となる（ただし，n と m は最も簡単な整数比であり，1 の場合は省略する）という規則がわかっていれば，どんな場合でもすぐに組成式が書ける．

3.4 イオン性物質の名前のつけ方

以上で述べたような方法を用いれば，イオン性物質の組成式を容易に作ることができる．それでは，その名称はどのようになるのだろうか．日本語の名称は，以下の手順により決定される．NaCl を例に見ていこう．

1．陰イオン，陽イオンの順に名称を並べる．

塩化物イオンナトリウムイオン

2．次に，陰イオン，陽イオンの「イオン」を削除する．ただし，陰イオンが「〜化物イオン」という名前の場合には，イオン以外に「物」も削

除する.

~~塩化物イオン~~ ~~ナトリウムイオン~~ → 塩化ナトリウム

これが組成式の名称になる[*5].

＊5 英語の場合には sodium chloride となり，陽イオン→陰イオンの順になる．

遷移元素から生じた陽イオンで，価数が複数ある場合には，元素名の後ろに(Ⅱ)のようにローマ数字を付記するが，これもそのまま残す．たとえば $FeSO_4$ は鉄(Ⅱ)イオン Fe^{2+} と硫酸イオン SO_4^{2-} からできているので，硫酸イオン，鉄(Ⅱ)イオンの順に並べ，「イオン」を削除すれば，その名称は「硫酸鉄(Ⅱ)」となる．

図3.1に，イオン性物質の組成式と名称の定め方に関する規則をまとめておく．

○○イオン(A^{m+})と△△イオン(B^{n-})からできるイオン性物質

組成式：A_nB_m
・陽イオンが先，陰イオンが後である．
・n と m は，最も簡単な整数比である．

名称：△△○○
・陰イオンが先，陽イオンが後である．
・「○○イオン」の名称にイオンの価数〔(Ⅱ)や(Ⅲ)〕が付記される場合には，これも残す．
・「△△イオン」の名称が「～化物イオン」である場合には，「物」も削除する．

▶図3.1 **イオン性物質の組成式と名称**
この規則を用いれば，どんな陽イオンと陰イオンの組合せでも，簡単に組成式と名称を決定できる．

例題3.6

例題3.5にあるイオン性物質の名称を答えよ．

【解　答】　順に，臭化カリウム，酸化カルシウム，塩化アルミニウム，硫酸マグネシウム，硫酸鉄(Ⅲ)，硫酸アンモニウム．

【考え方】　名称を，陰イオン，陽イオンの順に並べ，「イオン」(～化物イオンの場合は「物」も)を削除する．そして両者を連結させればイオン性物質の名称になる．
　　KBrの場合，「臭化物イオン」＋「カリウムイオン」より「臭化カリウム」．CaOの場合，「酸化物イオン」＋「カルシウムイオン」より「酸化カルシウム」となる．以下同様である．

章末問題

1. 次の組成式の誤りを指摘し，訂正せよ．
   (1) 塩化マグネシウム：Mg_2Cl_4
   (2) 硝酸マグネシウム：$MgNO_{32}$
   (3) 酸化亜鉛：OZn

2. 次の陽イオンと陰イオンの組合せでできるイオン性物質の組成式を書け．
   (1) Na^+ と F^- (2) Zn^{2+} と S^{2-} (3) Fe^{3+} と O^{2-} (4) Mn^{4+} と O^{2-}
   (5) K^+ と CO_3^{2-} (6) Na^+ と HCO_3^-

3. 次の名称の誤りを指摘し，訂正せよ．
   (1) $ZnCl_2$：塩化物亜鉛 (2) ZnS：硫酸亜鉛 (3) $Cu(OH)_2$：水酸化銅

4. 章末問題2の組成式に相当するイオン性物質の名称を答えよ．

5. 下記の表にある陽イオンと陰イオンの名称を答えよ．さらに，それらの組み合わせでできるイオン性物質の組成式と名称を答えよ．

	Na^+ ナトリウムイオン	Mg^{2+} （　）イオン	Al^{3+} アルミニウムイオン	Fe^{2+} （　）イオン	NH_4^+ （　）イオン
Cl^- 塩化物イオン	NaCl 塩化ナトリウム				
O^{2-} （　）イオン					
S^{2-} （　）イオン					
OH^- 水酸化物イオン					
NO_3^- （　）イオン					
SO_4^{2-} （　）イオン					

4章 粒子間の結合

【この章で学ぶこと】 物質を構成する原子は，単独に存在することはまれで，通常は粒子どうしが結びついて存在している．分子は，原子どうしが共有結合という強い結合で結びついた物質である（2.5節参照）．この分子も，通常は単独では存在せず，分子と分子はファンデルワールス結合や水素結合という分子間結合でゆるやかに結びついている（図4.4参照）．

一方，陽イオンと陰イオンがイオン結合で結びつくと，イオン性物質ができる．

本章では，粒子間に働く強い結合（共有結合やイオン結合）や，分子間に働く弱い結合（分子間結合）について学ぶ．さらに，これらの結合により粒子が規則正しく配列した結晶についても述べる．

> ***Key Word***
> 化学結合，金属結合，分子間力，分子間結合，ファンデルワールス結合，
> 水素結合，結合の極性，分子の極性，極性分子，無極性分子，結晶，
> 共有結合結晶，イオン結晶，分子結晶，金属結晶．

4.1 強い化学結合

化学結合とは，原子と原子やイオンとイオンを結びつける強い結合のことをいう．後に述べる分子と分子の間の弱い結合は，化学結合には含まれない．

まずは，2章ですでに説明した共有結合とイオン結合について簡単に復習し，続けて第三の化学結合である金属結合について見てみよう．

◆分子を作る共有結合

2章で述べたように，原子の原子軌道から分子軌道ができ，その結合性軌道に電子対が入ることにより分子ができる．あるいは，もっと単純に，原子が電子を出し合って電子対が形成され，これを共有することにより分子ができると考えてもよい．このとき生じる結合が共有結合である．

◆電気の力で結びつくイオン結合

これも2章で述べたように，陽イオンと陰イオンは電気的な引力であるクーロン力により結合する．この結合がイオン結合である．

イオン結合も共有結合と同様，たいへん強い結合である．

◆電気を通す金属結合

身近にある鉄や銅。これらの金属は，金属原子がいくつも集まったものである。このとき金属原子どうしの間には，上述の共有結合やイオン結合とは異なるタイプの結合が生じている。

通常の金属原子の価電子の数は，1〜3個と少なく，これらの価電子を放出して陽イオンになりやすい（1.4節参照）。金属原子が集まると，それらの原子の最外殻が重なり合い，金属原子の数だけ新しい分子軌道が形成される（図4.1）。各金属原子は価電子を放出して陽イオンになり，放出された価電子は形成された分子軌道に入り，陽イオンの間を自由に動き回ることができるようになる。このような電子を 自由電子 という。結果的には，この自由電子が金属の陽イオン全体で共有されることにより，金属原子どうしが互いに結びつく。このような結合を 金属結合 という。

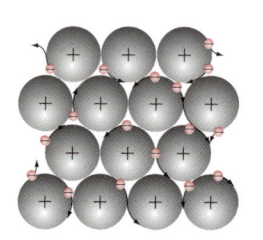

▶図4.1 金属結合の様子
⊕は金属陽イオンを，⊖は自由電子を表す。

one point
金属の場合，数多くの分子軌道が形成され，エネルギー準位が連続していると見なすことができる。これをエネルギーバンドという。

共有結合，イオン結合，金属結合をまとめて 化学結合 という。化学結合を切断するには，大きなエネルギーを必要とする。つまり，粒子は化学結合により強固に結合している。表4.1にそれぞれの化学結合の特徴を示す。

▶表4.1 化学結合の比較

	共有結合	イオン結合	金属結合
結合する粒子	原子	陽イオンと陰イオン	原子 （陽イオンと自由電子）
結合の方法	共有電子対の形成	イオン間のクーロン力（静電気力）	自由電子による陽イオンの結びつき
結合の結果生じる物質	分子 （例：水素 H_2，二酸化炭素 CO_2，水 H_2O など） 共有結合性物質 巨大分子 （例：ダイヤモンド C，二酸化ケイ素 SiO_2 など）	イオン性物質 （例：塩化ナトリウム NaCl，硫酸マグネシウム $MgSO_4$ など）	金属 （例：ナトリウム Na，マグネシウム Mg，鉄 Fe，銅 Cu など）

4.2 弱い分子間結合

◆分子間結合はゆるやかな結合

原子どうしが結合すると，分子ができる．このとき，原子と原子は共有結合により強く結合している．こうして生じた分子と分子の間には，共有結合よりもはるかに弱い結合が生じ，分子どうしがお互いにゆるやかに結びついている．この結合を分子間結合といい，結合を生じさせる力を分子間力という．分子間結合には，ファンデルワールス結合や水素結合などがある．

◆分子間の弱い結合——ファンデルワールス結合

分子と分子の間には，極性（次項で解説する）のあるなしにかかわらず，弱い引力が働いている．この力をファンデルワールス力という．そして，ファンデルワールス力により生じる結合をファンデルワールス結合という．

ファンデルワールス結合は，物質のモル質量（6.2節参照）が大きくなるにつれて強くなる[*1]．無極性分子では，モル質量が大きくなるにつれて融点や沸点が高くなる．これは，分子間に働くファンデルワールス結合が強くなっているためである．

[*1] モル質量については6章で述べる．ここでは，分子の質量と考えておけばよい．

◆結合には電気的な偏りがある——結合の極性

もう一つの分子間結合である水素結合を理解するには，極性について学んでおく必要がある．この項では，その極性について説明する．

2章でも少し触れたが，電気陰性度とは，原子が電子を引きつける能力のことである．ポーリングによる典型元素の電気陰性度の値を表4.2に示す．

▶ L. C. Pauling
1901～1994．アメリカの化学者，1954年ノーベル化学賞受賞，1963年ノーベル平和賞受賞．

原子AとBの間に共有結合が生じる際に，A，B双方の電気陰性度の値が等しい場合には，共有電子対は原子AとBの中央に位置する．この場合，A–B結合には電荷の偏り（極性）が生じず，無極性となる．たとえば，水素分子H–Hや塩素分子Cl–Clの場合，共有電子対は両原子の中央に位置する．すなわち，H–H結合やCl–Cl結合は無極性である．一般に，等核二原子分子[*2]内の結合は，すべて無極性である．

これに対して，Aの電気陰性度の値がBのそれより小さい場合，共有電子対はBに引き寄せられる．結果的に，Aはわずかに正，Bはわずかに負の電荷を帯び，A–B結合には極性が生じる．これを，結合の極性といい，$A^{\delta+}-B^{\delta-}$のように表現する．

ここでδ（デルタ）は，「わずかに，少しだけ」という意味である．す

[*2] H_2やCl_2のように，同じ原子2個からできた分子のことを等核二原子分子という．これに対して，HClやCOのように，異なる原子2個からできた分子のことを異核二原子分子という．

なわち，δ＋はわずかに正，δ－はわずかに負に帯電していることを意味しており，通常のイオンのような大きな電荷を帯びているわけではない．

たとえば塩化水素 HCl の場合，電気陰性度の値は，Cl のほうが H よりも大きい（Cl：3.16，H：2.20，表 4.2 参照）．よって，H－Cl 結合には極性が生じ，$H^{\delta+}-Cl^{\delta-}$ となる．水 H_2O の場合も，電気陰性度の値は，O のほうが H よりも大きい（O：3.44，H：2.20，表 4.2 参照）．よって，O－H 結合にも極性が生じ，$O^{\delta-}-H^{\delta+}$ となる．

▶表 4.2 典型元素の電気陰性度
Pauling の値．

原子	電気陰性度	原子	電気陰性度	原子	電気陰性度
$_1H$	2.20	$_{17}Cl$	3.16	$_{51}Sb$	2.05
$_3Li$	0.98	$_{19}K$	0.82	$_{52}Te$	2.10
$_4Be$	1.57	$_{20}Ca$	1.00	$_{53}I$	2.66
$_5B$	2.04	$_{30}Zn$	1.65	$_{54}Xe$	2.60
$_6C$	2.55	$_{31}Ga$	1.81	$_{55}Cs$	0.79
$_7N$	3.04	$_{32}Ge$	2.01	$_{56}Ba$	0.89
$_8O$	3.44	$_{33}As$	2.18	$_{80}Hg$	2.00
$_9F$	3.98	$_{34}Se$	2.55	$_{81}Tl$	2.04
$_{11}Na$	0.93	$_{35}Br$	2.96	$_{82}Pb$	2.33
$_{12}Mg$	1.31	$_{37}Rb$	0.82	$_{83}Bi$	2.02
$_{13}Al$	1.61	$_{38}Sr$	0.95	$_{84}Po$	2.00
$_{14}Si$	1.90	$_{48}Cd$	1.69	$_{85}At$	2.20
$_{15}P$	2.19	$_{49}In$	1.78	$_{87}Fr$	0.70
$_{16}S$	2.58	$_{50}Sn$	1.96	$_{88}Ra$	0.89

例題 4.1

次の共有結合を，極性の大きい順に並び替えよ．
 C－C，C－H，N－O，N－H，O－H，H－Cl

【解 答】 O－H ＞ H－Cl ＞ N－H ＞ N－O ＞ C－H ＞ C－C

【考え方】 表 4.2 の電気陰性度の値を用いて，共有結合を作る原子の電気陰性度の差を計算すると

C－C：2.55 － 2.55 ＝ 0，C－H：2.55 － 2.20 ＝ 0.35，
N－O：3.44 － 3.04 ＝ 0.40，N－H：3.04 － 2.20 ＝ 0.84，
O－H：3.44 － 2.20 ＝ 1.24，H－Cl：3.16 － 2.20 ＝ 0.96

となる．したがって，次の順になる．

  O－H ＞ H－Cl ＞ N－H ＞ N－O ＞ C－H ＞ C－C
  1.24   0.96   0.84   0.40   0.35   0

◆結合の極性により分子の極性が生じる

二つの原子間の共有結合に生じる「結合の極性」に対して，分子全体に生じる極性を**分子の極性**という．そして，分子の極性をもつものを**極性分子**，もたないものを**無極性分子**という．

ヘリウム He やネオン Ne, アルゴン Ar のような単原子分子は，最初から原子のままで存在するため，極性はなく，無極性分子である．また，水素 H−H や窒素 N≡N のような等核二原子分子も，共有電子対が 2 個の原子の中央に存在するので無極性分子となる．しかし，H−Cl，H−Br，C=O のような異核二原子分子は，結合の極性が生じ，極性分子となる．

三原子分子以上の多原子分子の場合は，結合に極性があるからといって，分子の極性をもつとは限らない．たとえば二酸化炭素 CO_2 の場合，電気陰性度の値は，O のほうが C よりも大きい．したがって，C=O 結合には極性が生じ，$C^{\delta+}=O^{\delta-}$ となる．しかし，C は別の O とも結合しており，二酸化炭素分子は直線形をしているので，分子全体としては結合の極性が打ち消される（図 4.2a）．よって，二酸化炭素分子は無極性分子となる．結合の極性を $\delta-$ の原子から $\delta+$ の原子への矢印（→）で表現すると，二酸化炭素の場合は 2 本の→を幾何学的に足し合わるとゼロになる[*3]ことから，結合の極性が打ち消されることが理解できるだろう．

同じ三原子分子の場合でも，水 H_2O の場合は，結合角∠H−O−H が 104.5°で結合している．それゆえ，$O^{\delta+}-H^{\delta-}$ 結合の極性が打ち消し合わず，結果的には極性分子となる（図 4.2b）．同様に，硫化水素 H_2S も極性分子である．これらの分子の場合，結合の極性の矢印（→）を幾何学的に足し合わせてもゼロにはならないことがわかるだろう．

[*3] 中学校理科で学んだ力の合成を思い出してほしい．

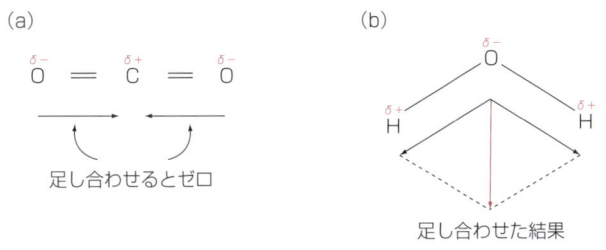

▶図 4.2　**分子の極性**
(a) 結合の極性が打ち消される場合　(b) 打ち消されない場合

四原子以上の場合，メタン CH_4（正四面体），テトラクロロメタン CCl_4（正四面体），三フッ化ホウ素 BF_3（平面）などはすべて結合の極性が打ち消し合うので，無極性分子となる．しかし，アンモニア NH_3（三角錐）やトリクロロメタン $CHCl_3$（四面体）などは結合の極性が打ち消し合わず，極性分子となる．

例題 4.2

次の分子を極性分子と無極性分子に分類せよ．

酸素 O_2，フッ素 F_2，フッ化水素 HF，エタン CH_3CH_3（C 原子が 2 個共有結合して，その周りに 6 個の H 原子が共有結合した分子），エチレン C_2H_4（平面），クロロメタン CH_3Cl（四面体，メタンの 4 個の H 原子のうちの 1 個が Cl 原子に置き換わったもの），フッ化塩素 ClF

【解　答】　極性分子：フッ化水素，クロロメタン，フッ化塩素

無極性分子：酸素，フッ素，エタン，エチレン

【考え方】　分子全体で結合の極性が打ち消し合えば無極性分子，打ち消し合わずに残る場合には極性分子となる．ただし，C−H 結合は両者の電気陰性度（それぞれ 2.55 と 2.20）の差は 0.35 とわずかなので，結合の極性はない（無極性）と考えてよい．

◆水素結合

電気陰性度の小さい原子（H など）と，電気陰性度の大きい原子（O, N, F など）からなる分子[*4]の場合には，両者の電気陰性度の差が大きいので，結合の極性も大きくなる．すなわち，$H^{\delta+}-X^{\delta-}$（X = O, N, F など）という状態になっている．その結果，ある分子の $H^{\delta+}$ と別の $X^{\delta-}$ 分子のの間に電気的な引力（クーロン力）が生じて結合する．これを水素結合という（図 4.3）[*5]．ただし水素結合は，同じ電気的な結合ではあるが，イオン結合と比較するとはるかに弱い．

[*4] たとえば，水，アンモニア，フッ化水素など

[*5] ギ酸や酢酸は，水素結合により二分子が会合した二量体（ダイマー）を作る．

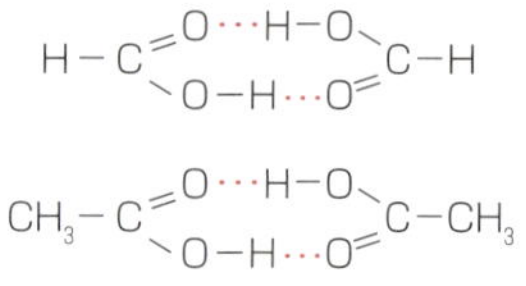

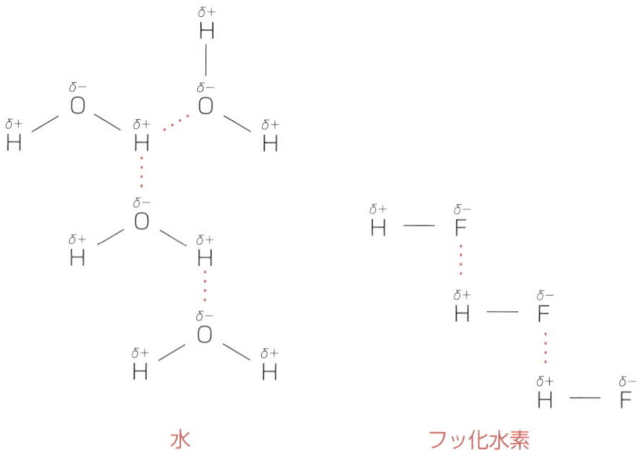

$$H-C{\overset{O\cdots H-O}{\underset{O-H\cdots O}{}}}C-H$$

$$CH_3-C{\overset{O\cdots H-O}{\underset{O-H\cdots O}{}}}C-CH_3$$

▶図 4.3　水素結合の様子

共有結合を ─，水素結合を ··· で示した．

水，メタノール，エタノール，酢酸の沸点は，モル質量が同程度の他の化合物と比較するときわめて高いが，これは分子間に水素結合が存在するためである．水（100 ℃），フッ化水素（19.5 ℃），アンモニア（− 33 ℃）は，いずれも分子間に水素結合が生じるため，小さなモル質量であるにもかか

わらず，高い沸点を示す．これに対してメタン（−162℃）は水素結合しないので，同程度のモル質量であるにもかかわらず沸点は低い．

4.3 規則正しい結晶

◆規則正しい配列をした固体——結晶

原子，イオン，分子など，物質を構成する粒子が規則正しく配列してできた固体を結晶という．固体でも，ガラスやセメントのように，粒子が不規則に配列しているものは結晶ではない．表4.3に以下で述べる結晶の性質をまとめて示す．

◆分子でできた分子結晶

原子どうしが共有結合をすると，分子ができる．この分子が規則正しく配列した結晶を分子結晶（分子性結晶）という．分子結晶においては，分子どうしは分子間結合によって結びついているが，分子の中の原子どうしは共有結合で結びついている（図4.4）．分子結晶の例として，氷（固体の水），ドライアイス（固体の二酸化炭素），ナフタレン，ヨウ素などをあげることができる．

分子間結合は，イオン結合や共有結合に比べて，はるかに弱い．それゆえ，分子結晶は同程度のモル質量の共有結合結晶やイオン結晶に比べて，融点や沸点が低い．

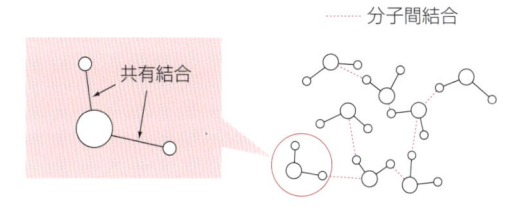

▶図4.4 分子結晶における結合
分子と分子の間の結合は分子間結合，分子の中の原子と原子の間の結合は共有結合である．

◆共有結合でつながっていく共有結合結晶

原子どうしが共有結合を繰り返してどんどんつながっていき，その結果生じた結晶を共有結合結晶（共有結合性結晶）という（図4.5）．共有結合結晶の例としては，ダイヤモンド，黒鉛，二酸化ケイ素，ケイ素などがある．

共有結合は非常に強い結合である．共有結合結晶内部の結合はすべて共有結合でできているので，たいへん硬く，融点・沸点もきわめて高い．熱や電気もほとんど通さない．

唯一の例外は黒鉛で，炭素原子からできている共有結合結晶であるにも

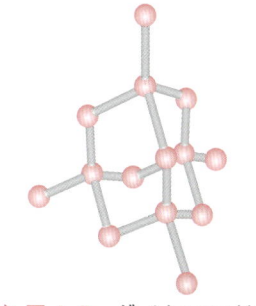

▶図4.5 ダイヤモンドの構造
共有結合結晶の例である．

▶表 4.3 結晶の比較

	分子結晶	共有結合結晶	イオン結晶	金属結晶
構成粒子	分子	原子	陽イオンと陰イオン	原子（陽イオンと自由電子）
粒子間の結合	分子間結合（ファンデルワールス結合，水素結合）	共有結合	イオン結合	金属結合
硬度	柔らかい	非常に硬い（例外：黒鉛）	硬くもろい	柔らかいものから硬いものまで
電気伝導性	なし	なし（例外：黒鉛）	なし（加熱融解または水に溶解させるとあり）	あり
融点・沸点	低い	非常に高い	高い	低いものから高いものまで
その他の性質	水に不溶（$-OH$ などの水に馴染みやすい部分がある物質は可溶）	水に不溶	水に可溶（PbS, AgCl などは難溶）	水に不溶（1族と2族の Be, Mg 以外は，水と反応して溶解）展性・延性 熱伝導性 金属光沢
用いる化学式	分子式	組成式	組成式	組成式（元素記号）
例	氷 H_2O，ドライアイス CO_2，ヨウ素 I_2，ブドウ糖 $C_6H_{12}O_6$ など．	ダイヤモンド C，黒鉛 C，二酸化ケイ素 SiO_2，ケイ素 Si など．	塩化ナトリウム NaCl，水酸化ナトリウム NaOH，硫酸マグネシウム $MgSO_4$ など．	ナトリウム Na，マグネシウム Mg，鉄 Fe，銅 Cu など．

＊6　そのため，鉛筆の芯の原料として使用される．

かかわらず，柔らかい[*6]．これは，黒鉛の平面を構成する炭素間の結合は共有結合だが，炭素平面間の結合は，ファンデルワールス結合でできているためである（図 4.6）．

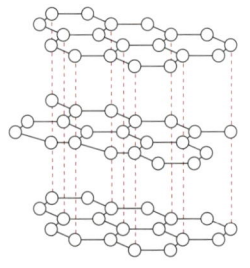

▶図 4.6　黒鉛の構造
平面内の炭素原子どうしは共有結合（—）で結びついているが，平面どうしはファンデルワールス結合（⋯）で結びついている．

ファンデルワールス結合は共有結合に比べてはるかに弱い．それゆえ，外部から少し力を加えると，炭素平面間のファンデルワールス結合が切断され，黒鉛は粉末になる．鉛筆で字を書くという作業は，黒鉛の結晶内の

4.3 ◆ 規則正しい結晶

ファンデルワールス結合を切断していることに他ならない．同じ炭素原子からできたダイヤモンドが非常に硬く，ガラス切りの刃先として用いられているのとは対照的である．

また黒鉛は，非金属であるにもかかわらず，電気の良導体である．これは，炭素の 4 個の価電子のうちの 1 個が自由電子となるためである．同じ炭素原子からできたダイヤモンドの場合には，自由電子が存在しないので，電気を通さない．黒鉛とダイヤモンドの関係のように，同じ元素の原子からできているが，構造の異なる単体をお互いに**同素体**という．

炭素の同素体には，黒鉛とダイヤモンド以外に，**フラーレン**がある（図4.7）．ただし，黒鉛とダイヤモンドは多くの炭素原子からなる共有結合性結晶であるのに対して，フラーレンは炭素原子が数十個（60個前後）からできた分子である．

▶ **図 4.7 フラーレンの構造**
60 個の炭素原子が共有結合で結びついている．

◆ イオンが並んだイオン結晶

イオンが規則正しく配列してできた結晶が**イオン結晶**である[*7]．図 4.8 にイオン結晶の例を示す．

イオン結晶には電気伝導性はないが，これを加熱して融解するか水に溶解させると電気を通すようになる．これは，融解または溶解によりイオン結晶が電離して陽イオンと陰イオンになり，これが電荷を移動させるためである．

[*7] イオン性物質は，通常，常温，常圧では固体である．

◆ 金属結晶

金属原子（あるいは，金属陽イオンと自由電子）からできた結晶を**金属結晶**という．通常，金属はすべて金属結晶を形成する．金属結晶の構造には，金属原子が最も密に充填した**面心立方構造**[*8]と**六方最密構造**や，充填率のやや低い**体心立方構造**がある．

[*8] 図 4.8 の NaCl の結晶で，Na^+ 単独または Cl^- 単独では，それぞれ面心立方格子を形成している．

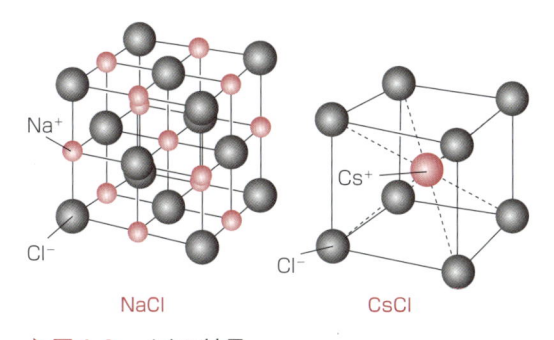

▶ **図 4.8 イオン結晶**
NaCl（左）と CsCl（右）の構造．ここで示した構造が連続的に続いている．

章末問題

1. 次の共有結合を，極性の大きい順に並び替えよ．電気陰性度は，表4.2の値を利用せよ．

    C−N, C−H, C−F, C−Cl, C−O, C−B

2. 次の分子のうち，極性分子をすべて選べ．

    塩素 Cl_2，オゾン O_3，トリブロモメタン $CHBr_3$，テトラブロモメタン CBr_4，二硫化炭素 CS_2（直線），メタノール CH_3OH，二酸化硫黄 SO_2（折れ線），三塩化ホウ素 BCl_3（平面），三塩化リン PCl_3（三角錐）．

3. 炭素の同素体のうち，ダイヤモンドは電気を通さないのに対して，黒鉛は電気を通す．その理由を述べよ．

5章 化学の基本である物質量とその単位mol

【この章で学ぶこと】 化学のどの分野を学ぶにせよ，物質量の計算を避けて通るわけにはいかない．物質量の単位は mol（モル）であるため，物質量に関する計算は，「モル計算」とも呼ばれる．「水 1 mol は 18 g であり」，「メタン 1 mol と酸素 2 mol が反応して」のように，化学では mol が頻繁に登場する．

物質量とその単位 mol は化学の基本であり，物質量なしでは化学は語れない．本章では，物質量およびその基礎となる原子量，分子量，式量について学ぶことにしよう．

> **Key Word**
> 相対質量，原子質量単位（原子質量定数），原子量，分子量，
> 式量，物質量，mol（モル），アボガドロ数，アボガドロ定数

5.1 原子の相対質量と原子量

◆想像を絶する小さな値——原子の質量

どんな物質も，原子からできている[*1]．すでに 2～4 章で学んだ化学結合は，原子間の結合であり，8, 9 章で学ぶ化学反応は，原子の組み換えである．このように，化学は原子と原子の相互作用を取り扱う学問分野といえる．

それでは，原子 1 個の質量はどの程度だろうか．たとえば，炭素原子 ^{12}C の場合，その質量は約 1.99×10^{-26} kg[*2]と，想像を絶するような小さな値である．他の原子についても，質量はおよそ 10^{-26} kg のオーダーである．このような小さな値では，たいへんわかりにくい．原子の質量を，実験室で扱われるような，20 mg，12.0 g，0.35 kg といった程度の，もっと大きな値で表すことができれば便利である．

◆相対質量で原子の重さを表す

そこで考えられたのが，原子の**相対質量**である．これは，ある原子の質量を基準にして，他の原子の質量を相対的に表した値である．

かつては，^{1}H 原子や ^{16}O 原子が，原子の相対質量の基準に選ばれたこともあるが，現在では ^{12}C 原子の質量が基準とされている．これを厳密に 12（12.000000…と 0 が無限に続く．これを $12.\dot{0}$ と書くこともある）とした場合の他の原子の質量の値が，原子の相対質量である．

相対質量を，人間の体重（質量）を例に考えてみよう（図 5.1）．ここに 3 人の生徒 A 君，B 君，C 君がいるとする．A 君，B 君，C 君の体重は，

[*1] イオンは帯電した原子であり，原子の一種と考えられる．

[*2] グラム単位に換算すると，1.99×10^{-23} g．

	A君	B君	C君		X	¹²C	Y
体重	50 kg	60 kg (12とする)	80 kg	質量	m_X	m_s (12とする)	m_Y
相対質量	10 $\left(=\dfrac{12\times50\text{ kg}}{60\text{ kg}}\right)$	12	16 $\left(=\dfrac{12\times80\text{ kg}}{60\text{ kg}}\right)$	相対質量	$\dfrac{12m_X}{m_s}$	12	$\dfrac{12m_Y}{m_s}$

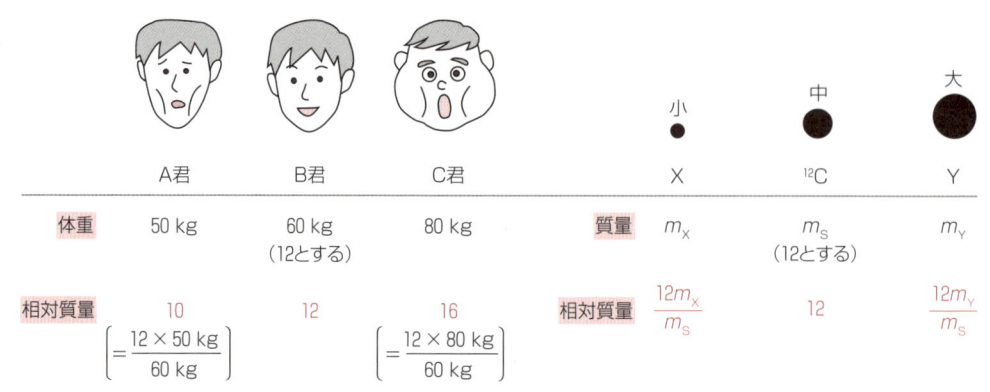

▶図 5.1 **相対質量の考え方**　3 人の生徒の体重に置き換えて考えるとわかりやすい.

それぞれ 50 kg, 60 kg, 80 kg である. 仮に, B 君の体重を 12 とすれば, A 君, C 君の体重はどうなるだろうか. それぞれ, R_A, R_C とすると

$$\frac{50\text{ kg}}{60\text{ kg}}=\frac{R_A}{12} \qquad \frac{80\text{ kg}}{60\text{ kg}}=\frac{R_C}{12}$$

*3　50 kg : 60 kg = R_A : 12, 80 kg : 60 kg = R_C : 12 としてもよい.

という比例式[*3]から, $R_A = 10$, $R_C = 16$ と求められる. これらの値が, A 君と C 君の相対質量（相対体重）となる.

原子の相対質量の求め方も, まったく同様である. ¹²C 原子の質量を m_s（添字 s は standard の頭文字で, 「基準」を意味する）, ある原子 X の質量および相対質量を, それぞれ m_X, R_X とすると

$$\frac{m_X}{m_s}=\frac{R_X}{12.000\cdots} \tag{5.1}$$

という比例式が成り立つ. すなわち, 原子 X の相対質量 R_X は

$$R_X=\frac{(12.000\cdots)\cdot m_X}{m_s} \tag{5.2}$$

により算出できる.

式 (5.2) では, m_X や m_s の単位として, kg, g のいずれを用いてもよい. 国際的には, 質量の単位には kg を使うことが推奨されている. しかし, 実験室で取り扱う物質の質量の単位として, kg では大きすぎる場合が多いので, g の単位もよく用いられる. ただし, 一方が kg で他方が g のように, 質量の単位が異なる場合には, いずれかに揃える必要がある.

式 (5.2) で, m_X と m_s は同じ単位なので, 約分できる. また, 12.000… は, ¹²C の相対質量をこのように定義したので, これにも単位がない. したがって, R_X は単位がなく数値だけで定まる物理量となる.

相対質量という言葉には「質量」が含まれるが，相対質量は質量そのものではない．相対質量に，kg や g のような質量の単位を添えてはならない．

例題 5.1

^{27}Al 原子の質量は，4.4804×10^{-26} kg である．これの相対質量を求めよ．ただし，^{12}C 原子の質量 1.9926×10^{-26} kg を相対質量の基準とし，厳密に 12 とする．

【解　答】　26.982

【考え方】　式 (5.1) あるいは式 (5.2) で，原子 X を ^{27}Al 原子と見なせば，その相対質量が求められる．

求める ^{27}Al 原子の相対質量を $R_{^{27}\text{Al}}$ とすると

$$\frac{4.4804 \times 10^{-26} \text{ kg}}{1.9926 \times 10^{-26} \text{ kg}} = \frac{R_{^{27}\text{Al}}}{12.000\cdots}$$

$$\therefore \quad R_{^{27}\text{Al}} = \frac{(12.000\cdots) \cdot (4.4804 \times 10^{-26} \text{ kg})}{1.9926 \times 10^{-26} \text{ kg}} = 26.9822\cdots$$

与えられた数値はいずれも有効数字 5 桁であるから，答も 5 桁まで算出する[*4]．

*4　有効数字の取扱いに関しては，付録 A.3 を参照．

◆原子質量単位（原子質量定数）を定義する

原子の相対質量は，「^{12}C 原子の質量の $\frac{1}{12}$ の何倍か」と考えることもできる．^{12}C 原子の質量の $\frac{1}{12}$ の値は，**原子質量単位**（原子質量定数）と呼ばれ，記号 m_u で表す．そして，この値が原子の質量の単位とされ，その単位は u と定義されている．すなわち

$$m_u = 1 \text{ u} = 1.66053886 \times 10^{-27} \text{ kg} \tag{5.3}$$

である．逆に，^{12}C 原子の質量を原子質量単位で表現すると，正確に 12 u となる．u は，kg や g と同様に質量の単位である．よって，単に 12 と表せば ^{12}C 原子の相対質量なのに対し，12 u なら ^{12}C 原子の質量を表す．

原子 X の相対質量 R_X は，原子 X の質量 m_X と原子質量単位 m_u から

$$R_X = \frac{m_X}{m_u} \tag{5.4}$$

と算出できることになる．

例題 5.2

例題 5.1 にある ^{27}Al 原子の相対質量を，原子質量単位 $m_u = 1.6605 \times 10^{-27}$ kg として計算せよ．

【解　答】　26.982

【考え方】 式 (5.4) より，$\dfrac{4.4804 \times 10^{-26} \text{ kg}}{1.6605 \times 10^{-27} \text{ kg}} = 26.9822\cdots \approx 26.982$ となる．与えられた数値はいずれも有効数字 5 桁であるから，答も 5 桁まで算出する．

このように，^{12}C 原子の質量の代わりに原子質量単位の値が与えられている場合でも，相対質量を容易に算出できる．この例題の結果から，「^{27}Al 原子の質量は，原子質量単位で表現すると 26.982 u となる」といえる．

◆原子量は同位体の質量の平均値

以上のような方法で，個々の原子の相対質量が算出できる．しかし，ほとんどの原子には同位体（1.3 節参照）があり，天然に存在する原子では，これらの同位体が混ざり合っている．

原子 1 個ではなく原子の集団を扱う場合，同位体ごとに分けて別々に扱うのは煩雑である．しかし，これら同位体の相対質量に存在割合を掛けて平均しておけば，同位体をまとめて扱うことができる．このようにして求められた平均値を，原子の**原子量**という．

では原子量の求め方を具体的に見てみよう．ある原子に同位体 1, 2, 3, …があり，相対質量をそれぞれ R_1, R_2, R_3, …，存在割合をそれぞれ x_1, x_2, x_3, …とすると，原子量 A は

$$A = R_1 x_1 + R_2 x_2 + R_3 x_3 + \cdots ^{*5} \tag{5.5}$$

により求められる．ただし

$$x_1 + x_2 + x_3 + \cdots = 1 ^{*6} \tag{5.6}$$

である．同位体 1 の存在割合 x_1 とは，原子の全体（すべての同位体）の中で，同位体 1 の占める割合である．たとえば，原子 X が 80 個あり，同位体 1 が 20 個あるなら，$x_1 = 20\text{ 個}/80\text{ 個} = 0.25$ となる．

*5 Σ（総和）の記号を用いれば，$A = \sum_{i=1}^{n} R_i x_i$ となる．ここで，n は同位体の種類の数である．

*6 Σ の記号を用いれば，$\sum_{i=1}^{n} x_i = 1$ となる．

例題 5.3

Cl 原子には 2 種類の同位体 ^{35}Cl，^{37}Cl が存在する．^{35}Cl および ^{37}Cl の相対質量は，それぞれ 34.9689，36.9658 であり，存在割合は，それぞれ 0.7576，0.2424 である．Cl 原子の原子量を求めよ．

【解 答】 35.45

【考え方】 式 (5.5) に従い，Cl 原子の同位体の相対質量を，存在割合を考慮して平均すると

$$34.9689 \times 0.7576 + 36.9658 \times 0.2424 = 35.452\cdots \approx 35.45$$

となる．相対質量は有効数字 6 桁，存在割合は 4 桁であるから，答は 4 桁で算出する．

5.2 分子量と式量の求め方

◆**分子量は分子の相対質量**

すでに 2 章で述べたように，原子と原子が共有結合をして，分子ができる．原子の相対質量（厳密には，同位体の相対質量の平均値）が原子量であるのに対して，分子に関しても**分子量**と呼ばれる相対質量が定義されている．原子量の場合と同様に，^{12}C 原子の質量を基準として，この値を厳密に 12 として求めた分子の相対質量が分子量である．

分子量に関しては原子量の場合のように，式（5.2）や式（5.5）を用いた計算をする必要はない．なぜなら，原子の原子量がすでに算出されているためである[*7]．その原子量を使えば，分子量も容易に算出できる．分子を構成する原子の種類と数が分子式からわかれば，その原子量をすべて加えればよい（図 5.2）．

[*7] 前見返し元素の周期表に 4 桁の原子量が与えられている．

1. 分子を構成する原子の種類と数を確認する．
   C 原子 2 個，H 原子 4 個
   ↓
2. 分子を構成する原子の原子量を調べる．
   C：12.0，H：1.0
   ↓
3. 分子を構成する原子の原子量に原子数を乗じた値の総和を求める．これが分子量である．
   $12.0 \times 2 + 1.0 \times 4 = 28.0$
   ↓
   よって，分子量は 28.0

▶ **図 5.2　分子量の計算手順（エチレン C_2H_4 の場合）**
分子を構成するすべての原子の原子量を加えればよい．

例題 5.4

次の物質の分子量を求めよ．原子量は，次の値を用いよ．

　H：1.0，C：12.0，O：16.0

　(1) 水素 H_2　　(2) 水 H_2O　　(3) 二酸化炭素 CO_2

【解　答】　(1) 2.0　　(2) 18.0　　(3) 44.0

【考え方】　(1) 水素分子は，水素原子 2 個からできている．したがって分子量は，$1.0 \times 2 = 2.0$ となる．

(2) 水分子は，水素原子 2 個，酸素原子 1 個からできている．したがって分子量は，$1.0 \times 2 + 16.0 = 18.0$ となる．

(3) 二酸化炭素分子は，炭素原子 1 個，酸素原子 2 個からできている．したがって分子量は，$12.0 + 16.0 \times 2 = 44.0$ となる．

◆分子を作らない物質の場合は——式量

3章で述べたように，陽イオンと陰イオンがイオン結合して，イオン性物質ができる．固体の場合，これらのイオンは規則正しく配列してイオン結晶を形成する．塩化ナトリウム NaCl や塩化セシウム CsCl はその代表である．さらに，4章で述べた共有結合結晶の代表例として二酸化ケイ素 SiO_2 がある．天然には石英（水晶）として産出する．

ところが，これらのイオン結晶や共有結合結晶には，分子という単位がないため，分子量を定義できない．そこで，分子量の代わりに**式量**が用いられる．原子量や分子量の場合と同様に，^{12}C 原子の質量を基準として，組成式で表された部分の相対質量を求めたのが式量である．式量に関しても式 (5.2) や式 (5.5) を用いた計算を行う必要はない．

ある物質の式量は，その組成式から容易に算出できる．算出方法は，分子量の場合とまったく同様である．

例題 5.5

次の物質の式量を求めよ．原子量は，次の値を用いよ．
　　H：1.0, O：16.0, Na：23.0, Mg：24.3, Cl：35.5
(1) 酸化マグネシウム MgO　　(2) 水酸化ナトリウム NaOH
(3) 塩化マグネシウム $MgCl_2$

【解　答】　(1) 40.3　　(2) 40.0　　(3) 95.3

【考え方】　(1) 酸化マグネシウムの単位は，マグネシウムイオン1個，酸化物イオン1個である．したがって式量は，24.3 + 16.0 = 40.3 となる．

(2) 水酸化ナトリウムの単位は，ナトリウムイオン1個，水酸化物イオン1個である．水酸化物イオンは酸素原子1個と水素原子1個で構成されている．よって式量は，23.0 + 16.0 + 1.0 = 40.0 となる．

(3) 塩化マグネシウムの単位は，マグネシウムイオン1個，塩化物イオン2個である．したがって式量は，24.3 + 35.5 × 2 = 95.3 となる．

5.3　アボガドロ数と物質量

◆集団で扱おうという考え方

原子や分子の質量はとても小さいので，相対質量が導入された．しかし相対質量は，原子や分子の質量の大小を表すだけなので，定量的な議論には使えない．たとえば，物質 A と物質 B が反応して物質 C がどれくらいできるのかという場合には，まったく役立たない．そこで提案されたのが，非常に質量の小さい原子や分子を，集団で取り扱おうという考え方である．

われわれの身の回りにも，集団を表す単位はいくつかある．たとえば，

> **one point**
> 明確な個数は定まっていないが，日常生活で使用する「束」や「組」なども，集団を表す単位の一種であると考えてよい．

食事をするときに利用する箸は，2本で1対である．鉛筆が12本あれば，1ダースである（図5.3）．この「対」や「ダース」が集団を表す単位である．

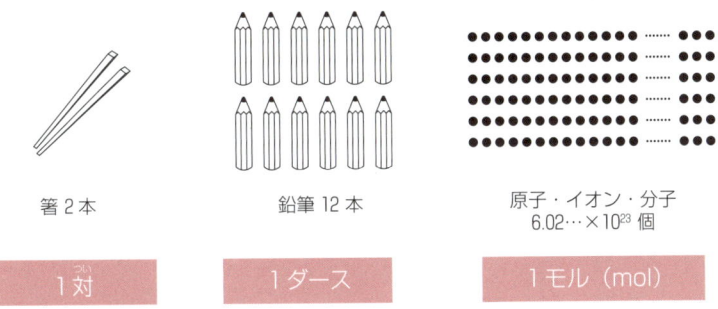

箸2本　　　　　鉛筆12本　　　　原子・イオン・分子
　　　　　　　　　　　　　　　　$6.02\cdots \times 10^{23}$ 個

1対（つい）　　　1ダース　　　　1モル（mol）

▶図5.3　モルの考え方　いずれも集団を表す量の単位である．

◆分子や原子をまとめて考える——物質量

^{12}C 原子の相対質量は正確に 12 と定められており，原子量，分子量，式量の基準である．それでは，この相対質量 12 に単位 g をつけて質量 12 g とした場合，何個の ^{12}C 原子が必要となるだろうか．先に記したように，^{12}C 原子 1 個の質量は $1.99264663 \times 10^{-23}$ g であるから，単位を $1.99264663 \times 10^{-23}$ g・個$^{-1}$ とする．12.000…g をこの値で割れば，個数が求められる．

$$\frac{12.000\cdots \text{ g}}{1.99264663 \times 10^{-23} \text{ g}\cdot\text{個}^{-1}}$$

$= 6.022141517\cdots \times 10^{23}$ 個

すなわち，^{12}C 原子がこれだけ集まると，正確に 12 g になる．

原子や分子などの粒子の集団を表す量を**物質量**といい，その単位は **mol**（モル）である．1 mol は，厳密に，$6.02214076 \times 10^{23}$ 個の粒子の集団と定められている．つまり

$\quad$ 1 mol $= 6.02214076 \times 10^{23}$ 個　　　　　　　　　　　(5.7)

である．ここで，$6.02214076 \times 10^{23}$ をアボガドロ数という．また，物質量 1 mol あたりの粒子の数を**アボガドロ定数**といい，記号 N_A（または L）で表される．すなわち

$\quad N_A = 6.02214076 \times 10^{23}$ mol^{-1}　　　　　　　　　(5.8)

となる．mol^{-1} は，1/mol $\left[\dfrac{1}{\text{mol}}\right]$ と同義である．

化学では，アボガドロ定数は有効数字 2 桁ないし 3 桁の値（6.0×10^{23} mol^{-1}，6.02×10^{23} mol^{-1}）がよく用いられるが，これには粒子の個数が含

▶ A. C. Avogadro
1776 ～ 1856．イタリアの物理学者，化学者．

one point

2019 年 5 月 19 日まで，物質量の単位である mol は，^{12}C 原子 12 g（正確な値）中に含まれる ^{12}C 原子の個数として定義されていた．すなわち，本文中の数値 $6.022141517\cdots \times 10^{23}$ に単位 mol^{-1} を付した値が，アボガドロ定数であった．しかしこの値は，^{12}C 原子の質量に不確かさが存在するため，厳密な意味での定数ではない．2019 年 5 月 20 日以降，アボガドロ定数は，^{12}C 原子の質量とは無関係に，厳密に $6.02214076 \times 10^{23}$ mol^{-1} と定められた．これは定義値のため不確かさはなく，アボガドロ定数はようやく真の定数となった．アボガドロ定数が厳密に規定され，mol 単位で表現した原子や分子の数が，一義的に定まる意義は大きい．2019 年は，国際周期表年に加え，mol の定義変更と，化学関係者にとっては忘れ難い年となった．

まれていない．実際の計算では，アボガドロ定数の単位には「個数」が省略されていると考え，6.0×10^{23} 個・mol^{-1} を用いたほうがわかりやすい．

章末問題

1. ^1H 原子の質量は，1.6735×10^{-27} kg である．これの相対質量を求めよ．ただし，^{12}C 原子の質量 1.9926×10^{-26} kg を相対質量の基準とし，厳密に 12 とする．

2. ^{35}Cl 原子の質量は，5.8066×10^{-26} kg である．これの相対質量を求めよ．ただし，^{12}C 原子の質量 1.9926×10^{-26} kg を相対質量の基準とし，厳密に 12 とする．

3. ^1H 原子の質量は，1.6735×10^{-27} kg である．これの相対質量を求めよ．ただし，原子質量単位 $m_u = 1.6605 \times 10^{-27}$ kg とする．

4. Mg 原子には 3 種類の同位体 ^{24}Mg，^{25}Mg，^{26}Mg が存在する．^{24}Mg，^{25}Mg，^{26}Mg の相対質量は，それぞれ 23.9850，24.9858，25.9825 であり，存在割合は，それぞれ 0.7899，0.1000，0.1101 である．Mg 原子の原子量を求めよ．

5. 次の物質の分子量を求めよ．原子量は，次の値を用いよ．
   H：1.0, C：12.0, N：14.0, O：16.0, S：32.1, Cl：35.5
   (1) 窒素 N_2 (2) メタン CH_4 (3) アンモニア NH_3
   (4) 塩化水素 HCl (5) 硫化水素 H_2S (6) 硝酸 HNO_3

6. 次の物質の式量を求めよ．原子量は，次の値を用いよ．
   H：1.0, O：16.0, Al：27.0, S：32.1, Cl：35.5, Fe：55.9,
   Zn：65.4, Cu：63.6
   (1) 酸化亜鉛 ZnO (2) 硫化鉄(Ⅱ) FeS (3) 塩化銅(Ⅱ) $CuCl_2$
   (4) 酸化アルミニウム Al_2O_3 (5) 硫酸亜鉛 $ZnSO_4$
   (6) 硫酸鉄(Ⅱ) $FeSO_4$ (7) 硫酸鉄(Ⅲ) $Fe_2(SO_4)_3$

6章 物質量と他の物理量との関係

【この章で学ぶこと】 化学の基本である物質量は，他の物理量である粒子の数，質量，体積と相互に変換できる．物質の数，質量，体積などが与えられている場合には，これらの物理量をまず物質量に変換して mol 単位で表すのが，化学の基本である．

本章では，物質量と粒子の数，質量，体積との関係について学び，相互変換する方法を学ぶ．これは，溶液や化学変化の量的関係を学ぶ基礎となる内容である．

> **Key Word**
> アボガドロ定数，モル質量，モル体積，物質量，mol（モル），
> 粒子の数，質量，体積，相互変換

6.1 粒子の数と物質量との関係

◆物質量から粒子の数へ

粒子の集団を表す物理量[*1]である物質量は，他の物理量と相互に変換することができる．まず，粒子の数と物質量との関係について考えてみよう．

「アボガドロ定数 N_A が約 $6.0 \times 10^{23}\ \mathrm{mol^{-1}}$ である」ということは，「1 mol の粒子は 6.0×10^{23} 個の粒子で構成されている」という意味である[*2]．したがって，$6.0 \times 10^{23}\ \mathrm{mol^{-1}}$ には個数の単位が省略されており，計算上は個・$\mathrm{mol^{-1}}$ としたほうがわかりやすい．

ここに物質量 1.0 mol の酸素分子 O_2 があると考えよう．分子の数は，N_A の定義から，6.0×10^{23} 個である．あるいは次のように考えてもよい．

$$(1.0\ \mathrm{mol}) \cdot (6.0 \times 10^{23}\ 個 \cdot \mathrm{mol^{-1}}) = 6.0 \times 10^{23}\ 個$$

2.0 mol や 3.0 mol の酸素分子 O_2 分子の数も，同様に求められる．すなわち

2.0 mol の分子数は，$(2.0\ \mathrm{mol}) \cdot (6.0 \times 10^{23}\ 個 \cdot \mathrm{mol^{-1}}) = 1.2 \times 10^{24}\ 個$

3.0 mol の分子数は，$(3.0\ \mathrm{mol}) \cdot (6.0 \times 10^{23}\ 個 \cdot \mathrm{mol^{-1}}) = 1.8 \times 10^{24}\ 個$

◆粒子の数から物質量へ

逆に，酸素分子 O_2 の分子数が 2.4×10^{24} 個や 3.0×10^{24} 個と与えられている場合に，これを物質量に変換してみよう．物質量は個数を N_A で割れば求められる[*3]．

[*1] 物理量については，付録 A.2 を参照．

[*2] 計算を簡単にするために，$N_A \approx 6.0 \times 10^{23}\ \mathrm{mol^{-1}}$ として扱う．

[*3] 指数が含まれる計算に関しては，付録 A.1 を参照．

6章◆物質量と他の物理量との関係

2.4×10^{24} 個の物質量は，$\dfrac{2.4 \times 10^{24} \text{ 個}}{6.0 \times 10^{23} \text{ 個} \cdot \text{mol}^{-1}} = 4.0 \text{ mol}$

3.0×10^{24} 個の物質量は，$\dfrac{3.0 \times 10^{24} \text{ 個}}{6.0 \times 10^{23} \text{ 個} \cdot \text{mol}^{-1}} = 5.0 \text{ mol}$

◆粒子の数と物質量の相互変換

前項の考え方を一般に拡張してみよう．物質量を n，粒子の数を N，アボガドロ定数を N_A とすると，次式が成立することがわかるだろう．

$$N = nN_A \tag{6.1}$$

$$n = \frac{N}{N_A} \tag{6.2}$$

式 (6.1) は n から N へ変換する場合に，式 (6.2) は N から n へ変換する場合に用いる．

例題 6.1

次の物質の粒子の数を求めよ．ただし，アボガドロ定数 N_A を 6.0×10^{23} mol^{-1} とする．

(1) ^1H 原子 4.6 mol　(2) H_2 分子 0.54 mol
(3) CO_2 分子 3.7×10^{-2} mol

【解　答】　(1) 2.8×10^{24} 個　(2) 3.2×10^{23} 個　(3) 2.2×10^{22} 個

【考え方】　物質量を粒子の数に変換する場合は，式 (6.1) を用いればよい．$N = nN_A$ だから

(1) $(4.6 \text{ mol}) \cdot (6.0 \times 10^{23} \text{ 個} \cdot \text{mol}^{-1}) = 2.76 \times 10^{24}$ 個
(2) $(0.54 \text{ mol}) \cdot (6.0 \times 10^{23} \text{ 個} \cdot \text{mol}^{-1}) = 3.24 \times 10^{23}$ 個
(3) $(3.7 \times 10^{-2} \text{ mol}) \cdot (6.0 \times 10^{23} \text{ 個} \cdot \text{mol}^{-1}) = 2.22 \times 10^{22}$ 個

与えられている物質量はいずれも有効数字 2 桁だから，粒子の数も有効数字 2 桁まで求める．

例題 6.2

次の物質の物質量を求めよ．ただし，アボガドロ定数 N_A を 6.0×10^{23} mol^{-1} とする．

(1) H_2O 分子 5.0×10^{23} 個
(2) CH_4 分子 4.6×10^{21} 個
(3) NH_3 分子 3.8×10^{27} 個

【解　答】　(1) 0.83 mol（または 8.3×10^{-1} mol）
(2) 7.7×10^{-3} mol
(3) 6.3×10^3 mol

【考え方】 粒子の数を物質量に変換する場合は，式 (6.2) を用いればよい．$n = \dfrac{N}{N_A}$ だから

(1) $\dfrac{5.0 \times 10^{23} \text{ 個}}{6.0 \times 10^{23} \text{ 個} \cdot \text{mol}^{-1}} = 0.8333\cdots \text{ mol}$

(2) $\dfrac{4.6 \times 10^{21} \text{ 個}}{6.0 \times 10^{23} \text{ 個} \cdot \text{mol}^{-1}} = 7.666\cdots \times 10^{-3} \text{ mol}$

(3) $\dfrac{3.8 \times 10^{27} \text{ 個}}{6.0 \times 10^{23} \text{ 個} \cdot \text{mol}^{-1}} = 6.333\cdots \times 10^{3} \text{ mol}$

与えられている粒子の数はいずれも有効数字2桁だから，物質量も有効数字2桁まで求める．

6.2 質量と物質量との関係

◆ 1 mol あたりの質量がモル質量

粒子の数と物質量との関係に続いて，質量と物質量との関係について考えてみよう．

式 (5.1) の左辺の分母・分子にアボガドロ定数を乗じると

$$\frac{m_X N_A}{m_s N_A} = \frac{R_X}{12.000\cdots} \tag{6.3}$$

となる．ここで，m_s は ^{12}C 原子の質量，m_X，R_X はそれぞれ原子 X の質量および相対質量である．式 (6.3) の左辺の分母 $m_s N_A$ は

$$\begin{aligned} m_s N_A &= (1.99264663 \times 10^{-23} \text{ g} \cdot \text{個}^{-1}) \cdot (6.02214076 \times 10^{23} \text{ 個} \cdot \text{mol}^{-1}) \\ &= 11.999\cdots \text{ g} \cdot \text{mol}^{-1} \end{aligned}$$

となる．これは，^{12}C 原子 1 mol の質量を表している．この値を式 (6.3) に代入すると

$$\frac{m_X N_A}{12.000\cdots \text{ g} \cdot \text{mol}^{-1}} = \frac{R_X}{12.000\cdots} \tag{6.4}$$

左辺の分子 $m_X N_A$ は，ある原子 X の質量 m_X にアボガドロ定数 N_A を乗じたものだから，^{12}C 原子の場合と同様に，原子 X 1 mol の質量である[*4]．

式 (6.4) から，$m_X N_A / (\text{g} \cdot \text{mol}^{-1}) \approx R_X$ だから，$m_X N_A$ の値は相対質量 R_X の値とほぼ等しく，単位は $\text{g} \cdot \text{mol}^{-1}$ になることが理解できる．

原子量は，各同位体の相対質量と存在割合を考慮して平均した値である．したがって，原子量の値に単位 $\text{g} \cdot \text{mol}^{-1}$ を付記すると，ほぼその原子 1 mol あたりの質量を表すことになる．同様に，分子量や式量の値に単位 $\text{g} \cdot \text{mol}^{-1}$ を付記すると，ほぼ分子 1 mol や式量で表された構成単位 1 mol あ

[*4] なぜなら，アボガドロ定数 N_A は，1 mol の粒子の個数を表す数だからである．

one point
実際問題としては，原子量，分子量，式量に単位 g·mol^{-1} を付記した値をモル質量としてもさしつかえない．

たりの質量になる．

　この物質 1 mol あたりの質量を**モル質量**といい，その単位は g·mol^{-1} である．また，原子量，分子量，式量に単位 g·mol^{-1} を付記すると，ほぼモル質量になる．

◆物質量から質量へ

　1.00 mol の水分子 H$_2$O の質量はいくつになるか考えてみよう．水素原子 H の原子量を 1.0，酸素原子 O の原子量を 16.0 とすると，水の分子式は H$_2$O だから，分子量は 1.0 × 2 + 16.0 = 18.0 となる．したがって，水のモル質量は 18.0 g·mol^{-1} である．よって，1.00 mol の質量は

$$(1.00 \text{ mol}) \cdot (18.0 \text{ g·mol}^{-1}) = 18.0 \text{ g}$$

では，H$_2$O 2.00 mol や 3.00 mol の質量はどうなるだろうか．物質量に，1 mol あたりの質量であるモル質量を乗ずれば求められる．

$$2.00 \text{ mol の質量は，} (2.00 \text{ mol}) \cdot (18.0 \text{ g·mol}^{-1}) = 36.0 \text{ g}$$
$$3.00 \text{ mol の質量は，} (3.00 \text{ mol}) \cdot (18.0 \text{ g·mol}^{-1}) = 54.0 \text{ g}$$

◆質量から物質量へ

　逆に，水分子 H$_2$O の質量が 72.0 g や 90.0 g と与えられている場合に，それを物質量に変換するにはどうすればよいだろうか．それには，質量を 1 mol あたりの質量であるモル質量で割ればよい．

$$72.0 \text{ g の物質量は，} \frac{72.0 \text{ g}}{18.0 \text{ g·mol}^{-1}} = 4.00 \text{ mol}$$
$$90.0 \text{ g の物質量は，} \frac{90.0 \text{ g}}{18.0 \text{ g·mol}^{-1}} = 5.00 \text{ mol}$$

◆質量と物質量の相互変換

　前項までの考え方を一般に拡張してみよう．物質量を n，質量を m，モル質量を M とすると，次式が成立する．

$$m = nM \tag{6.5}$$
$$n = \frac{m}{M} \tag{6.6}$$

　式 (6.5) は n から m へ変換する場合に，式 (6.6) は m から n へ変換する場合に用いる[*5]．

[*5] 原子量の値を用いて，あらかじめ M を求めておく必要がある．

例題 6.3

次の物質のモル質量を求めよ．原子量は次の値を用いよ．
  H：1.0，C：12.0，O：16.0
(1) 一酸化炭素 CO　(2) 二酸化炭素 CO_2　(3) メタノール CH_4O[*6]

【解　答】　(1) 28.0 g·mol^{-1}　(2) 44.0 g·mol^{-1}　(3) 32.0 g·mol^{-1}

【考え方】　(1) 一酸化炭素分子は，炭素原子1個，酸素原子1個からできている．したがって，分子量は $12.0 + 16.0 = 28.0$ であり，モル質量は 28.0 g·mol^{-1} となる．
(2) 二酸化炭素分子は，炭素原子1個，酸素原子2個からできている．したがって，分子量は $12.0 + 16.0 \times 2 = 44.0$ であり，モル質量は 44.0 g·mol^{-1} となる．
(3) メタノール分子は，炭素原子1個，水素原子4個，酸素原子1個からできている．したがって，分子量は $12.0 + 1.0 \times 4 + 16.0 = 32.0$ であり，モル質量は，32.0 g·mol^{-1} となる．

*6　メタノールの化学式は，分子式よりも示性式 CH_3OH のほうがよく用いられる．

例題 6.4

次の物質の質量を求めよ．モル質量は，例題6.3で算出した値を利用せよ．
(1) 一酸化炭素 CO　4.05 mol　(2) 二酸化炭素 CO_2　2.36×10^2 mol
(3) メタノール CH_4O　6.79×10^{-3} mol

【解　答】　(1) 1.13×10^2 g　(2) 1.04×10^4 g　(3) 0.217 g

【考え方】　物質量を質量に直す場合は，式 (6.5) を用いればよい．$m = nM$ だから
  (1) $(4.05 \text{ mol}) \cdot (28.0 \text{ g·mol}^{-1}) = 113.4 \text{ g} = 1.134 \times 10^2 \text{ g}$
  (2) $(2.36 \times 10^2 \text{ mol}) \cdot (44.0 \text{ g·mol}^{-1}) = 10384 \text{ g} = 1.0384 \times 10^4 \text{ g}$
  (3) $(6.79 \times 10^{-3} \text{ mol}) \cdot (32.0 \text{ g·mol}^{-1}) = 0.21728 \text{ g}$
  与えられている物質量はいずれも有効数字3桁だから，質量も有効数字3桁まで求める．

例題 6.5

次の物質の物質量を求めよ．モル質量は例題6.3で算出した値を利用せよ．
(1) 一酸化炭素 CO　49.8 g　(2) 二酸化炭素 CO_2　5.33×10^2 g
(3) メタノール CH_4O　4.42×10^{-2} g

【解　答】　(1) 1.78 mol　(2) 12.1 mol　(3) 1.38×10^{-3} mol

【考え方】　質量を物質量に直す場合は，式 (6.6) を用いればよい．
$n = \dfrac{m}{M}$ だから
  (1) $\dfrac{49.8 \text{ g}}{28.0 \text{ g·mol}^{-1}} = 1.7785\cdots \text{ mol}$

> (2) $\dfrac{5.33 \times 10^2 \text{ g}}{44.0 \text{ g·mol}^{-1}} = 12.113\cdots \text{ mol}$
>
> (3) $\dfrac{4.42 \times 10^{-2} \text{ g}}{32.0 \text{ g·mol}^{-1}} = 1.3812\cdots \times 10^{-3} \text{ mol}$
>
> 与えられている質量はいずれも有効数字3桁だから，質量も有効数字3桁まで求める．

6.3　体積と物質量との関係

◆ 1 mol あたりの体積を考える——モル体積

本節では，体積と物質量との関係について考えてみよう．

物質の粒子の数や質量は，温度や圧力とは無関係である．しかし，物質の体積は，温度や圧力により変化する．最も変化の激しいのが気体であり，温度を上げる（あるいは圧力を下げる）と体積は増大し，逆に温度を下げる（あるいは圧力を上げる）と体積は減少する．

液体や固体の体積は，気体ほど激しく変化しないが，それでも温度や圧力の変化とともに変化し，一定の値を示さない．

しかし，温度，圧力，物質量（粒子の数）が一定なら，その体積は，物質ごとに一定の値となる．あるいは，温度，圧力が一定の場合，体積を物質量で割った値，つまり物質 1 mol あたりの体積である**モル体積**が一定の値を示すと言い換えてもよい．とりわけ気体の場合，その種類にかかわらず，温度が 0 ℃（273.15 K），圧力が 1 atm（1.0132×10^5 Pa）の場合，およそ 22.4 L·mol^{-1}，温度が 25 ℃（298.15 K），圧力が 1 atm（1.0132×10^5 Pa）の場合，およそ 24.5 L·mol^{-1} を示すことが知られている．

ある物質のある圧力，温度における体積を V，質量を m，密度を d とすると，密度は単位体積あたりの質量だから，次式が成り立つ．

$$d = \frac{m}{V} \tag{6.7}$$

$$V = \frac{m}{d} \tag{6.8}$$

式（6.8）の両辺を物質量 n で割ると

$$\frac{V}{n} = \frac{m}{nd} \tag{6.9}$$

ここで，V/n は物質量 1 mol あたりの体積であるモル体積を，m/n は物質量 1 mol あたりの質量であるモル質量を表している．よって，モル体積を

V_m, モル質量を M とすれば，式 (6.9) は次のように書ける．

$$V_\mathrm{m} = \frac{M}{d} \tag{6.10}$$

すなわち，モル体積 V_m は M と d から算出できることがわかる．

◆物質量から体積へ

ここに，物質量 1.00 mol のヘリウム He ガスがあると考えよう．その状態を 0 ℃，1 atm に保つと，体積はおよそ 22.4 L になる．つまり，この状態（0 ℃，1 atm）におけるモル体積は，22.4 L·mol^{-1} であるといいかえてもよい．

では，0 ℃，1 atm における He 2.00 mol や 3.00 mol の体積はどうなるだろうか．物質量に，1 mol あたりの体積であるモル体積を乗じれば求められる．

2.00 mol の体積は，(2.00 mol)·(22.4 L·mol^{-1}) = 44.8 L

3.00 mol の体積は，(3.00 mol)·(22.4 L·mol^{-1}) = 67.2 L

> **one point**
>
> 先にも触れたように，気体の種類に関係なく，22.4 L の値をとる．つまり，酸素 O_2 でも，窒素 N_2 でも，二酸化炭素 CO_2 でも，0 ℃，1 atm における体積は約 22.4 L となる．

◆体積から物質量へ

逆に，0 ℃，1 atm における He の体積が，89.6 L や 112 L と与えられている場合，どうすれば物質量が求められるだろうか．与えられた体積の値を，1 mol あたりの体積であるモル体積で割れば求められる．

89.6 L の物質量 $= \dfrac{89.6\ \mathrm{L}}{22.4\ \mathrm{L·mol}^{-1}} = 4.00$ mol

112 L の物質量 $= \dfrac{112\ \mathrm{L}}{22.4\ \mathrm{L·mol}^{-1}} = 5.00$ mol

◆体積と物質量の相互変換

前項までの考え方を一般化してみよう．物質量を n，体積を V，モル体積を V_m とすると，温度，圧力が一定の場合，次式が成立する．

$$V = nV_\mathrm{m} \tag{6.11}$$

$$n = \frac{V}{V_\mathrm{m}} \tag{6.12}$$

式 (6.11) は n から V へ変換する場合に，式 (6.12) は V から n へ変換する場合に用いる．

液体や固体のモル体積 V_m は，密度 d の値がわかっていれば，式 (6.10) により算出できる．

例題 6.6

次の物質の体積を求めよ．モル体積は次の値を利用せよ．

気体のモル体積：22.4 L·mol^{-1}（0 ℃，1 atm），24.5 L·mol^{-1}（25 ℃，1 atm），水のモル体積：18.0 cm^3·mol^{-1}（20 ℃，1 atm）

(1) 水素 H_2 5.53 mol（0 ℃，1 atm）
(2) ヘリウム He 2.26×10^2 mol（25 ℃，1 atm）
(3) 水 H_2O 7.82×10^{-2} mol（20 ℃，1 atm）

【解　答】　(1) 1.24×10^2 L　(2) 5.54×10^3 L　(3) 1.41 cm^3

【考え方】　物質量を体積に換算する場合は，式（6.11）を用いればよい．この場合，粒子の数や質量の場合とは異なり，温度や圧力が定まらないと決定できないことに，注意が必要である．$V = nV_m$ だから

(1) $(5.53 \text{ mol}) \cdot (22.4 \text{ L·mol}^{-1}) = 1.23872 \times 10^2$ L
(2) $(2.26 \times 10^2 \text{ mol}) \cdot (24.5 \text{ L·mol}^{-1}) = 5537 \text{ L} = 5.537 \times 10^3$ L
(3) $(7.82 \times 10^{-2} \text{ mol}) \cdot (18.0 \text{ cm}^3\text{·mol}^{-1}) = 1.4076$ cm^3

与えられている物質量はいずれも有効数字 3 桁だから，体積も有効数字 3 桁まで求める．

例題 6.7

次の物質の物質量を求めよ．モル体積は，例題 6.6 の値を利用せよ．

(1) 水素 H_2 2.25 L（0 ℃，1 atm）
(2) ヘリウム He 7.13×10^{-2} L（25 ℃，1 atm）
(3) 水 H_2O 1.95×10^2 cm^3（20 ℃，1 atm）

【解　答】　(1) 0.100 mol　(2) 2.91×10^{-3} mol　(3) 10.8 mol

【考え方】　体積を物質量に直す場合は，式（6.12）を用いればよい．この場合も，温度や圧力が定まらないと決定できないことに注意．$n = \dfrac{V}{V_m}$ だから

(1) $\dfrac{2.25 \text{ L}}{22.4 \text{ L·mol}^{-1}} = 0.10044\cdots$ mol

(2) $\dfrac{7.13 \times 10^{-2} \text{ L}}{24.5 \text{ L·mol}^{-1}} = 2.9102\cdots \times 10^{-3}$ mol

(3) $\dfrac{1.95 \times 10^2 \text{ cm}^3}{18.0 \text{ cm}^3\text{·mol}^{-1}} = 10.833\cdots$ mol

ここも有効数字 3 桁まで求める．

6.4 粒子の数・質量・体積と物質量との関係

◆粒子の数・質量・体積を物質量へ変換するための準備

これまで見てきたように，粒子の数・質量・体積と物質量は相互に変換できる．ただし，その準備として，あらかじめアボガドロ定数，モル質量，モル体積を調べておく必要がある（図6.1）．

与えられた物質の物質量が

1．粒子の数 N の場合
アボガドロ定数 N_A の値を調べる．（約 6.02×10^{23} mol^{-1}）

2．質量 m の場合
物質の化学式（分子式や組成式）を書く．
化学式に含まれる元素の原子量を調べる．
モル質量 M を計算する．

3．体積 V の場合
モル体積 V_m の値を調べる（気体の場合，0 ℃，1 atm で約 22.4 L・mol^{-1}，25 ℃，1 atm で約 24.5 L・mol^{-1}）．
（上記以外の条件の気体や，液体・固体の場合は調べる必要がある．V_m の値が不明の場合には，密度 d の値を調べ，これとモル質量 M から計算してもよい）．

▶図6.1 物質量 n に変換するための準備

◆物質量を経由して他の物理量へ

式 (6.2)，(6.6)，(6.12) より，次式が成立する．

$$n = \frac{N}{N_A} = \frac{m}{M} = \frac{V}{V_m} \tag{6.13}$$

ここで，N は粒子の数，N_A はアボガドロ定数，m は質量，M はモル質量，V は体積（温度，圧力，粒子の数一定），V_m はモル体積（温度，圧力一定）である．

この式から，N, m, V は，物質量 n を介在して結びついていることがわかる．また，N_A, M, V_m が既知であれば，N, m, V より即座に n が求められる．さらに，N, m, V 三者間の相互変換も可能なこともわかるだろう（図6.2）．

粒子の数，質量，体積のうちのいずれかが与えられている場合には，まずこれらの値を，いったん物質量に変換するとよい．そして，得られた物質量を残りの物理量（粒子の数，質量，体積）に変換する．つまり，粒子の数，質量，体積を，物質量を経由して相互変換するわけである．

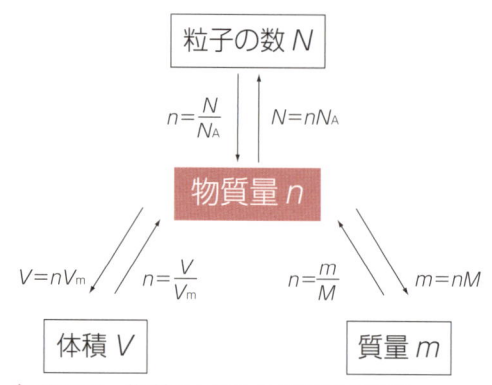

▶図 6.2 物質量と種々の物理量の関係
粒子の数 N, 質量 m, 体積 V と物質量 n の関係. ただし, N_A はアボガドロ定数, M はモル質量, V_m はモル体積.

例題 6.8

0 ℃, 1 atm の下で, ある容器の中に, 質量 64.0 g のメタン CH_4 ガスが入っている. これについて, 次の問いに答えよ. ただし, 原子量を H：1.0, C：12.0, アボガドロ定数を 6.02×10^{23} mol^{-1}, 気体のモル体積を 22.4 L・mol^{-1} とする.

(1) メタンのモル質量を求めよ.
(2) メタンの物質量を求めよ.
(3) メタンの分子数を求めよ.
(4) メタンの示す体積（容器の体積）を求めよ.

【解 答】　(1) 16.0 g・mol^{-1}　　(2) 4.00 mol　　(3) 2.41×10^{24} 個
　　　　　(4) 89.6 L

【考え方】　(1) まず, 与えられた原子量から分子量を求め, これに単位 g・mol^{-1} をつければ, モル質量になる. 分子量は, $12.0 + 1.0 \times 4 = 16.0$ だから, モル質量は, 16.0 g・mol^{-1} となる.

(2) 式(6.13)より, 物質量は質量をモル質量で割れば求められる. よって
$$\frac{64.0 \text{ g}}{16.0 \text{ g} \cdot mol^{-1}} = 4.00 \text{ mol}$$
となる.

(3) 式(6.13)より, 分子数は物質量にアボガドロ定数を乗じれば求められる. よって
$$(4.00 \text{ mol}) \cdot (6.02 \times 10^{23} \text{ 個} \cdot mol^{-1}) = 2.408 \times 10^{24} \text{ 個}.$$
有効数字を考慮して, 2.41×10^{24} 個となる.

(4) 式(6.13)より, 体積は物質量にモル体積を乗じれば求められる. よって
$$(4.00 \text{ mol}) \cdot (22.4 \text{ L} \cdot mol^{-1}) = 89.6 \text{ L}$$
となる.

章末問題

1. 次の物質の粒子の数を求めよ．アボガドロ定数 N_A を，6.02×10^{23} mol^{-1} とする．
   (1) He 原子 5.05 mol　　(2) H$_2$ 分子 0.355 mol
   (3) NO$_2$ 分子 3.12×10^{-3} mol

2. 次の物質の物質量を求めよ．アボガドロ定数 N_A を，6.02×10^{23} mol^{-1} とする．
   (1) HCl 分子 7.03×10^{23} 個　　(2) C$_6$H$_6$ 分子 2.47×10^{18} 個
   (3) NO$_2$ 分子 8.93×10^{30} 個

3. 次の物質のモル質量を求めよ．原子量は，次の値を用いよ．
   H：1.0，N：14.0，O：16.0，Mg：24.3
   (1) 二酸化窒素 NO$_2$　　(2) アンモニア NH$_3$
   (3) 水酸化マグネシウム Mg(OH)$_2$

4. 次の物質の質量を求めよ．モル質量は，章末問題 3 で算出した値を利用せよ．
   (1) 二酸化窒素 NO$_2$ 2.12 mol　　(2) アンモニア NH$_3$ 51.4 mol
   (3) 水酸化マグネシウム Mg(OH)$_2$ 0.256 mol

5. 次の物質の物質量を求めよ．モル質量は，章末問題 3 で算出した値を利用せよ．
   (1) 二酸化窒素 NO$_2$ 0.912 g　　(2) アンモニア NH$_3$ 181 g
   (3) 水酸化マグネシウム Mg(OH)$_2$ 5.64×10^{-3} g

6. 次の物質の体積を求めよ．モル体積は，例題 6.6 の値を利用せよ．
   (1) ネオン Ne 0.319 mol（0 ℃，1 atm）
   (2) アルゴン Ar 12.3 mol（25 ℃，1 atm）
   (3) 水 H$_2$O 1.15×10^2 mol（20 ℃，1 atm）

7. 次の物質の物質量を求めよ．モル体積は，例題 6.6 の値を利用せよ．
   (1) ネオン Ne 3.38×10^{-3} L（0 ℃，1 atm）
   (2) アルゴン Ar 4.21×10^5 L（25 ℃，1 atm）
   (3) 水 H$_2$O 2.11×10^4 cm^3（20 ℃，1 atm）

8. 0 ℃，1 atm の下で，ある容器の中に，質量 8.80 g のプロパン C$_3$H$_8$ ガ

スが入っている．これについて問いに答えよ．原子量を H：1.0，C：12.0，アボガドロ定数を 6.02×10^{23} mol^{-1}，気体のモル体積を 22.4 L・mol^{-1} とする．

(1) プロパンのモル質量を求めよ．
(2) プロパンの物質量を求めよ．
(3) プロパンの分子数を求めよ．
(4) プロパンの示す体積（容器の体積）を求めよ．

7章 溶液と濃度

【この章で学ぶこと】 化学では，溶液が関与する反応が非常に多い．金属と塩酸との反応，塩酸と水酸化ナトリウム水溶液の中和反応，ダニエル電池，塩化銅(II)水溶液の電気分解など，枚挙にいとまがない．それゆえ，化学を学ぶ際に，溶液および溶液中の各成分の割合である濃度に関する知識は不可欠である．

本章では，溶液の構成要素や種々の濃度について学習する．

> **Key Word**
> 固体，液体，気体，物質の三態，状態変化，溶解，溶液，溶質，
> 溶媒，成分，濃度，質量分率，質量百分率，ppm，ppb，
> モル分率，モル濃度，質量モル濃度

7.1 液体と溶液

◆物質の三つの状態

物質には，固体，液体，気体の三つの状態があり，これらをまとめて**物質の三態**という（図 7.1）[*1]．固体から液体への変化を**融解**，液体から固体への変化を**凝固**，液体から気体への変化を**蒸発**，気体から液体への変化を**凝縮**，固体から（液体を経ない）気体への変化を**昇華**，気体から（液体を経ない）固体への変化を**凝華**という[*2]．このような，固体，液体，気体の三態間の変化を**状態変化**という．

*1 液体と気体を，まとめて流体という．

*2 固体から直接気体へ変化し，再び固体に変わる変化も昇華という．

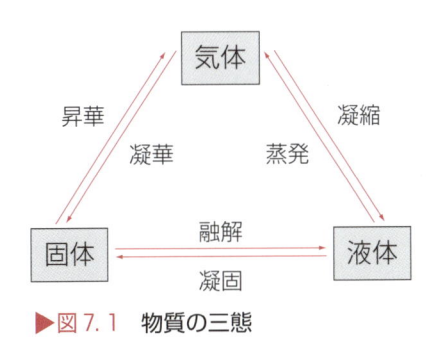

▶図 7.1 物質の三態

◆液体は固体と気体の中間状態

物質の三態のうち，固体は一定の形と体積をもつ（図7.2a）．そして，構成粒子どうしが，化学結合や分子間結合により強く結合している．そのため，密度は大きく，流動性を示さない．一方，気体は，一定の形と体積をもたず，構成粒子の間に働く力はきわめて弱い（図7.2c）．そのため密度の値は非常に小さく，流動性を示す．

それに対して，液体は気体と同様に一定の形をもたないが，固体と同様に一定の体積をもつ（図7.2b）．構成粒子どうしは比較的強固に結合しており，密度の値は大きい．しかし，固体のように粒子の位置が固定されているわけではなく，気体のような流動性を示す．このように，液体の状態というのは，まさに固体と気体の中間状態であるといえる．

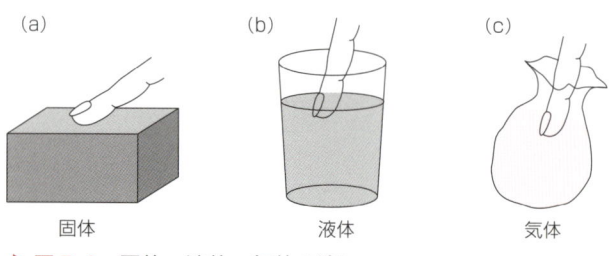

▶図7.2 固体・液体・気体の違い
固体・液体・気体の感触の違いを示した図．

one point
均一な組成であっても，その状態が液体ではなく気体の場合は混合気体，固体の場合は固溶体と呼ばれる．

◆溶液の構成要素と濃度

ある液体に他の物質が溶け込む現象を**溶解**といい，その結果，生じる均一な組成の液体を**溶液**という．この場合，溶解する物質を**溶質**，溶質を溶解させる液体を**溶媒**という．たとえば，塩化ナトリウム水溶液の場合，塩化ナトリウムが水に溶解して生じるので，溶質は塩化ナトリウム，溶媒は水である．とくに，溶媒が水の溶液を**水溶液**という．

溶媒は必ず液体であるが，溶質は固体，液体，気体のいずれでもよい．

例題7.1

次の溶液の溶質と溶媒は何か．
(1) 塩酸　　(2) アンモニア水　　(3) 石灰水

【解　答】　(1) 溶質：塩化水素，溶媒：水．(2) 溶質：アンモニア，溶媒：水．(3) 溶質：水酸化カルシウム（消石灰），溶媒：水．

【考え方】　溶液の構成要素のうち，溶解する物質が溶質，溶解させる液体が溶媒である．

(1) 塩酸とは，塩化水素水溶液のことである．これは，塩化水素が水に溶解して生じるので，溶質は塩化水素，溶媒は水である．

(2) アンモニア水とは，アンモニア水溶液のことである．これは，アンモニアが水に溶解して生じるので，溶質はアンモニア，溶媒は水である．
(3) 石灰水とは，水酸化カルシウム（消石灰）の飽和水溶液のことである．これは，水酸化カルシウムが水に溶解して生じるので，溶質は水酸化カルシウム，溶媒は水である．

例題 7.1 に示したように，気体または固体が液体に溶解して溶液ができる場合には，溶質と溶媒が一義的に定まる．しかし，液体が液体に溶解する場合はどうなるだろうか．たとえばエタノール水溶液（エタノールと水の混合物）ができる場合を考えてみよう．エタノールが水に溶解すると考えるなら，エタノールが溶質，水が溶媒となる．一方，水がエタノールに溶解していると見なすことも可能であり，この場合は水が溶質，エタノールが溶媒となる．

このように，液体どうしが混合して溶液ができる場合には，溶質と溶媒の区別がつかない．そこで，溶質，溶媒に代わり成分という言葉が使用される．先述のエタノール水溶液の場合なら，エタノールが成分 1，水が成分 2 となる（水を成分 1，エタノールを成分 2 としてもよい）．溶質，溶媒および成分はいずれも溶液の構成要素である．

溶液は均一な混合物であり，その中に含まれる各成分の割合は一定である．この割合を濃度という．濃度にはさまざまな種類がある．よく使用されるものを以下で順に見ていこう．

7.2 質量で考える濃度のいろいろ

◆最もシンプルな質量分率

成分 1（溶質）と成分 2（溶媒）から溶液が生じる場合，それぞれの質量を W_1，W_2 とすると，溶液全体の質量 W は

$$W = W_1 + W_2 \tag{7.1}$$

となる[*3]．この中に含まれる各成分の質量の割合を質量分率という．成分 1 および成分 2 の質量分率をそれぞれ w_1，w_2 とすれば

$$w_1 = \frac{W_1}{W_1 + W_2} \tag{7.2}$$

$$w_2 = \frac{W_2}{W_1 + W_2} \tag{7.3}$$

と表記できる．このとき

*3 質量は通常 m で表現するが，質量モル濃度と区別するため，ここでは W を用いた．

$$w_1 + w_2 = 1 \tag{7.4}$$

が成り立つ．すなわち，二成分からなる溶液（二成分系溶液）の場合，一方の成分の質量分率が既知であれば，1からこの値を差し引けば，もう一方の質量分率が算出できる．

> **例題7.2**
>
> ブドウ糖 10.0 g を水 40.0 g に溶解させた．この水溶液中のブドウ糖，水それぞれの質量分率を求めよ．
>
> 【解　答】　ブドウ糖：0.200，水：0.800
>
> 【考え方】　式（7.2）と（7.3），あるいは，式（7.2）と（7.4）を用いれば，容易に算出できる．
>
> 　成分1をブドウ糖，成分2を水とする．各成分の質量分率 w_1, w_2 は，次のように求められる．
>
> $$w_1 = \frac{10.0 \text{ g}}{10.0 \text{ g} + 40.0 \text{ g}} = 0.200$$
>
> $$w_2 = \frac{40.0 \text{ g}}{10.0 \text{ g} + 40.0 \text{ g}} = 0.800$$
>
> （または，$w_2 = 1.000\cdots - 0.200 = 0.800$ と考えてもよい．この場合の1は，正確に $1.000\cdots$ である．）

◆お馴染みの質量百分率

　式（7.2），（7.3）からも明らかなように，質量分率の値は 0〜1 の間の数値をとる．最大でも1であり，溶液中に含まれる成分の値が微量の場合には，この値は非常に小さくなり，わかりにくい．そこで，質量分率の値を 100 倍して使用する場合が多い．これを**質量百分率**という．質量百分率の表示には，%（パーセント）という単位を用いる．% は 10^{-2}，すなわち 100 分の 1 を意味する．

> **例題7.3**
>
> 例題7.2 に示した水溶液中のブドウ糖の質量百分率はいくらか．
>
> 【解　答】　20.0%
>
> 【考え方】　質量百分率は，質量分率の値を 100 倍すれば算出できる．$w_1 = 0.200$ だから，$0.200 \times 100\% = 20.0\%$（あるいは，$w_1 = 20.0 \times 10^{-2} = 20.0\%$ でもよい）．

例題 7.4

質量百分率 20.0% のブドウ糖水溶液を 50.0 g 調製したい。どのようにすればよいか。

【解 答】 ブドウ糖 10.0 g を水 40.0 g に溶解させればよい。

【考え方】 ブドウ糖の質量百分率の値から、水溶液中のブドウ糖の質量を算出する。水の質量は、水溶液の質量からブドウ糖の質量を引けば求められる。その際、質量百分率 20.0% を質量分率 0.200 に直して計算する。

必要なブドウ糖の質量は、50.0 g × 0.200 = 10.0 g となる。よって、水の質量は、50.0 g − 10.0 g = 40.0 g である。

例題 7.5

質量百分率 10.0% のショ糖[*4]水溶液が 50.0 g ある。この水溶液から、4.00% のショ糖水溶液を調製したい。どのようにすればよいか。

【解 答】 水を 75.0 g 加える。

【考え方】 水を加えて 10.0% から 4.00% に希釈すればよい。質量百分率 10.0% のショ糖水溶液 50.0 g 中に、ショ糖は 50.0 g × 0.100 = 5.00 g 含まれる。加える水の質量を x とすれば、希釈後の濃度が 4.00% (0.0400) になればよいから

$$\frac{5.00 \text{ g}}{50.0 \text{ g} + x} = 0.0400$$

$$\therefore \quad x = 75.0 \text{ g}$$

あるいは、次のように考えてもよい。希釈の前後では、ショ糖の質量は変化しない。希釈後の水溶液の質量を y とすると、ショ糖の質量が変わらないことから

$$(0.100) \cdot (50.0 \text{ g}) = (0.0400) \cdot y$$

これより、$y = 125.0$ g となる。このとき、増えた分、すなわち 125.0 g − 50.0 g = 75.0 g が、希釈のために加えた水の質量である。

[*4] 砂糖の主成分で、スクロースともいう。

◆質量千分率、質量 ppm、質量 ppb

質量分率の値を 100 倍してもまだ小さい場合には、質量分率の値を 1000 倍して使用する場合もあり、これを**質量千分率**という。質量千分率の表示には、‰ (パーミル) という単位を用いる。‰ は 10^{-3}、すなわち 1000 分の 1 を意味する。

それでもまだ小さい場合には、質量分率の値を 10^6 (100万) 倍や 10^9 (10億) 倍して使用される場合があり、それぞれ、**質量 ppm**、**質量 ppb**[*5] とい

[*5] 質量 ppm、質量 ppb の単位は、それぞれ、ppm、ppb である。

う.

> **例題 7.6**
> 質量分率が 0.000267 の塩化ナトリウム希薄水溶液がある.この塩化ナトリウムの質量分率を,質量百分率,質量千分率,質量 ppm で表現せよ.
> 【解　答】　質量百分率：0.0267%,　質量千分率：0.267‰,
> 　　　　　質量 ppm：267 ppm.
> 【考え方】　塩化ナトリウムの質量分率は,$0.000267 = 0.0267 \times 10^{-2} = 0.267 \times 10^{-3} = 267 \times 10^{-6}$ である.% $= 10^{-2}$,‰ $= 10^{-3}$,ppm $= 10^{-6}$ だから,0.000267 = 0.0267% = 0.267‰ = 267 ppm である.

7.3　物質量で考える濃度 その1——モル分率

◆最もシンプルなモル分率

成分1（溶質）と成分2（溶媒）から溶液が生じる場合,それぞれの物質量を n_1,n_2 とすると,溶液全体の物質量 n は

$$n = n_1 + n_2 \tag{7.5}$$

となる.この中に含まれる各成分の物質量の割合を**モル分率**という.成分1および成分2のモル分率をそれぞれ x_1,x_2 とすれば

$$x_1 = \frac{n_1}{n_1 + n_2} \tag{7.6}$$

$$x_2 = \frac{n_2}{n_1 + n_2} \tag{7.7}$$

と表記できる.これより,質量分率の場合と同様に,次式が成り立つ.

$$x_1 + x_2 = 1 \tag{7.8}$$

> **例題 7.7**
> エタノール 3.00 mol と水 2.00 mol を混合して溶液を調製した.この溶液中のエタノール,水それぞれのモル分率を求めよ.
> 【解　答】　エタノール：0.600,水：0.400
> 【考え方】　式 (7.6) と (7.7),あるいは,式 (7.6) と (7.8) を用いれば,容易に算出できる.
> 　　成分1をエタノール,成分2を水とする.各成分のモル分率 x_1,x_2 は,それぞれ
> $$x_1 = \frac{3.00 \text{ mol}}{3.00 \text{ mol} + 2.00 \text{ mol}} = 0.600$$

$$x_2 = \frac{2.00 \text{ mol}}{3.00 \text{ mol} + 2.00 \text{ mol}} = 0.400$$

（または，$x_2 = 1.000\cdots - 0.600 = 0.400$ と考えてもよい．この場合の 1 は，正確に $1.000\cdots$ である．）

例題 7.8

エタノール 23.0 g と水 5.40 g を混合して溶液を調製した．この溶液中のエタノール，水それぞれのモル分率を求めよ．ただし，原子量を H：1.0，C：12.0，O：16.0 とする．

【解　答】　エタノール：0.625，水：0.375

【考え方】　溶液の構成成分の値が物質量ではなく，質量で与えられているので，いきなり式 (7.6) や (7.7) を利用できない．そこでまず，各成分の原子量の値からモル質量の値を算出する．そして，これらの値を用いて，各成分の質量を物質量に変換する．

エタノールは分子式が C_2H_6O なので，その分子量は $12.0 \times 2 + 1.0 \times 6 + 16.0 = 46.0$ となる．したがって，モル質量は 46.0 g·mol^{-1} である．これより，23.0 g は，$23.0 \text{ g}/(46.0 \text{ g·mol}^{-1}) = 0.500$ mol である．

水は分子式が H_2O なので，その分子量は $1.0 \times 2 + 16.0 = 18.0$ となる．したがって，モル質量は 18.0 g·mol^{-1} である．これより，5.40 g は，$5.40 \text{ g}/(18.0 \text{ g·mol}^{-1}) = 0.300$ mol である．

成分 1 をエタノール，成分 2 を水とする．各成分のモル分率 x_1，x_2 は，それぞれ

$$x_1 = \frac{0.500 \text{ mol}}{0.500 \text{ mol} + 0.300 \text{ mol}} = 0.625$$

$$x_2 = \frac{0.300 \text{ mol}}{0.500 \text{ mol} + 0.300 \text{ mol}} = 0.375$$

（または，$x_2 = 1.000\cdots - 0.625 = 0.375$ と考えてもよい．この場合の 1 は正確に $1.000\cdots$ である．）

◆モル百分率，モル千分率，モル ppm，モル ppb

質量分率と同様に，モル分率の値も 0～1 の間の値をとる．ところが，溶液中に含まれる成分の値が微量の場合には，この値は非常に小さくなる．そこで，モル分率の値を 100 倍や 1000 倍，10^6 倍，10^9 倍して使用する場合があり，これらをそれぞれ **モル百分率，モル千分率，モル ppm，モル ppb** という．

one point

モル百分率，モル千分率，モル ppm，モル ppb の単位は，それぞれ ％，‰，ppm，ppb である．これらは，質量百分率，質量千分率，質量 ppm，質量 ppb と同じ単位であり，用いる際には注意が必要である．濃度が質量分率かモル分率のいずれであるかを明示しなければならない．

7.4 物質量で考える濃度 その2——モル濃度と質量モル濃度

◆化学の濃度の単位の基本——モル濃度

成分1（溶質）と成分2（溶媒）から溶液を作り，それぞれの物質量を n_1, n_2 とする．このとき，溶液全体の体積（V とする）中に含まれる各成分の物質量の割合を**モル濃度**（体積モル濃度）という．成分1および成分2のモル濃度をそれぞれ c_1, c_2 とすれば

$$c_1 = \frac{n_1}{V} \tag{7.9}$$

$$c_2 = \frac{n_2}{V} \tag{7.10}$$

と表記できる．単にモル濃度といえば，溶液中の溶質のモル濃度を意味する場合が多い．そして，用いる単位は，ほとんどの場合 $\mathrm{mol \cdot L^{-1}}$（$= \mathrm{mol \cdot dm^{-3}}$）である．

> **one point**
> 国際単位系の体積の単位は，$\mathrm{m^3}$ である．しかし，モル濃度の単位に $\mathrm{mol \cdot m^{-3}}$ を用いると値が小さくなりすぎるので，通常は $\mathrm{mol \cdot L^{-1}}$（$= \mathrm{mol \cdot dm^{-3}}$）が用いられる．ここで，$\mathrm{dm} = 10^{-1} \mathrm{m}$（すなわち10 cm）である．

例題 7.9

ブドウ糖 1.00 mol を水に溶解させ，水溶液全体の体積を 2.00 L にした．この水溶液中のブドウ糖のモル濃度を求めよ．

【解　答】　$0.500 \mathrm{\ mol \cdot L^{-1}}$（または $0.500 \mathrm{\ mol \cdot dm^{-3}}$）

【考え方】　式 (7.9) を用いれば，容易に算出できる．ブドウ糖のモル濃度を c_1 とすれば[*4]

$$c_1 = \frac{1.00 \mathrm{\ mol}}{2.00 \mathrm{\ L}} = 0.500 \mathrm{\ mol \cdot L^{-1}}$$

例題 7.10

ブドウ糖 $C_6H_{12}O_6$ 10.8 g を水に溶解させ，水溶液全体の体積を 2.00×10^2 mL にした．この水溶液中のブドウ糖のモル濃度を求めよ．原子量を，H: 1.0，C: 12.0，O: 16.0 とする．

【解　答】　$0.300 \mathrm{\ mol \cdot L^{-1}}$

【考え方】　ブドウ糖の値が質量で与えられているので，式 (7.9) をそのまま用いることができない．まず，ブドウ糖の質量を物質量に変換しなければならない．

ブドウ糖の分子式は $C_6H_{12}O_6$ である．したがって，その分子量は $12.0 \times 6 + 1.0 \times 12 + 16.0 \times 6 = 180.0$，モル質量は $180.0 \mathrm{\ g \cdot mol^{-1}}$ となる．

これより，ブドウ糖 10.8 g は，$10.8 \mathrm{\ g} / (180.0 \mathrm{\ g \cdot mol^{-1}}) = 6.00 \times 10^{-2}$ mol である．これが水に溶解して全体の体積が 2.00×10^2 mL $= 2.00 \times 10^{-1}$ L になるから，モル濃度 c_1 は

$$c_1 = \frac{6.00 \times 10^{-2} \text{ mol}}{2.00 \times 10^{-1} \text{ L}} = 0.300 \text{ mol·L}^{-1}$$

例題 7.11

塩化水素のモル濃度が 0.200 mol·L^{-1} の塩酸が 200.0 mL ある.この中に含まれている塩化水素の物質量と質量を求めよ.ただし,原子量を H:1.0,Cl:35.5 とする.

【解 答】 0.0400 mol,1.46 g.

【考え方】 溶液中に含まれる成分の物質量は,溶液の体積に比例する.
 塩化水素のモル濃度が 0.200 mol·L^{-1} ということは,塩酸 1 L = $1.000\cdots \times 10^3$ mL 中[*6]に塩化水素が 0.200 mol 含まれていることを意味する.よって,塩酸 200.0 mL 中には,塩化水素は

$$\frac{0.200 \text{ mol}}{1.00\cdots \times 10^3 \text{ mL}} \cdot 200.0 \text{ mL} = 0.0400 \text{ mol}$$

含まれる.塩化水素 HCl の分子量は,$1.0 + 35.5 = 36.5$ だから,モル質量は 36.5 g·mol^{-1} である.よって,その質量は,$(0.0400 \text{ mol}) \cdot (36.5 \text{ g·mol}^{-1}) = 1.46$ g である.

*6 1 L は厳密に 1 L,つまり $1.000\cdots$ L を意味する.

◆質量モル濃度

 成分 1(溶質)と成分 2(溶媒)から溶液を作り,成分 1 の物質量を n_1,成分 2 の質量を W_2 とする.このとき,成分 2 の一定質量に対して溶解する成分 1 の物質量の割合を**質量モル濃度**という.成分 1 の質量モル濃度を m_1 とすれば

$$m_1 = \frac{n_1}{W_2} \tag{7.11}$$

と表記できる.式 (7.11) の分母は,溶液全体の質量ではなく,成分 2(溶媒)の質量であることに注意する必要がある.

例題 7.12

ブドウ糖 1.00 mol を水 2.00 kg に溶解させた.この水溶液中のブドウ糖の質量モル濃度を求めよ.

【解 答】 0.500 mol·kg^{-1}

【考え方】 式 (7.11) を用いれば,容易に算出できる.ブドウ糖の質量モル濃度を m_1 とすれば[*7]

$$m_1 = \frac{1.00 \text{ mol}}{2.00 \text{ kg}} = 0.500 \text{ mol·kg}^{-1}$$

*7 質量モル濃度の単位には,通常は mol·kg^{-1} が用いられる.

質量分率・モル分率・モル濃度・質量モル濃度の算出に必要な物理量を表7.1 に示す.

なお,これらの濃度はお互いに変換できるが,式変形がやや煩雑であり,文献を紹介するにとどめる[*8].興味のある人は,参考にしてほしい.

[*8] T. Nakagawa, *Education in Chemistry*, **35**(4), 108-109 (1998).

▶表7.1 各濃度を算出するのに必要な物理量

下付の数字 1, 2 は,成分 1, 2 に関する物理量を表す.添字なしは,溶液全体の物理量を表す.○は必ず必要であることを,△は二つのうちのいずれか一方が必要であることを意味する.

物理量		濃度	質量分率 w_1	モル分率 x_1	モル濃度 c_1	質量モル濃度 m_1
質量 W	$W = W_1 + W_2$		△			
	W_1		○			
	W_2		△			○
物質量 n	$n = n_1 + n_2$			△		
	n_1			○	○	○
	n_2			△		
体積 V	$V \neq V_1 + V_2$				○	
	V_1					
	V_2					

■ 章末問題 ■

1. 濃度の異なる 2 種類のショ糖の水溶液 A, B がある.A の質量は 20.0 g で,ショ糖の質量百分率が 10.0%であり,B の質量は 30.0 g で,ショ糖の質量百分率が 15.0%であった.A, B を混合した場合,ショ糖の質量百分率はいくらになるか.

2. ブドウ糖 1.00 g を水 5.00 g に溶解させた.この水溶液中のブドウ糖,水それぞれの質量分率とモル分率を求めよ.原子量を H:1.0,C:12.0,O:16.0 とする.

3. 塩化水素の質量分率が 0.200 の塩酸がある.この塩酸中に含まれる塩化水素のモル分率とモル濃度を求めよ.原子量を H:1.0,C:12.0,O:16.0,Cl:35.5 とし,塩酸の密度を 1.10 g·cm^{-3} とする.

4. 2 本の試薬瓶 A, B にそれぞれ水酸化ナトリウムの質量百分率 0.500%とモル濃度 0.200 mol·L^{-1} の水溶液が入っている.どちらの瓶に入っている水酸化ナトリウム水溶液の濃度が高いかを判断せよ.原子量を H:1.0,O:16.0,Na:23.0 とし,密度は希薄溶液なので 1.00 g·cm^{-3} で近似せよ.

8章 化学変化と化学反応式

【この章で学ぶこと】 化学変化が生じれば，ある物質がまったく別の物質に変化し，それに伴い，物質を構成する原子の組換えが起こる．これを化学式と⟶で表現した式が化学反応式である．化学反応式は，化学変化の中身と，これに伴う量的な関係を理解するのに不可欠な式である．

本章では，化学変化やそれを表す化学反応式の作り方について学習しよう．

> **Key Word**
> 物理変化，化学変化（化学反応），化学反応式，
> 化学方程式，係数，目算法，未定係数法

8.1 物質の変化には種類がある

◆物理変化は状態だけの変化

氷（固体の水）を加熱すると，融解して水（液体の水）になり，さらに加熱を続けると蒸発して水蒸気（気体の水）に変化する．すなわち，水を加熱すると状態変化が引き起こされる．

しかし，水の状態が変化しても，水分子が他の分子に変化するわけではない．このように，物質の構成粒子そのものは変化せず，その状態だけが変わるような変化を物理変化という．先述した水の状態変化は，典型的な物理変化である[*1]．

「塊状の結晶が粉砕されて粉末になる」，「エタノールと水が混合して均一な水溶液ができる」，「ピストンに入った酸素が加圧されて体積が減少する」などの変化は，いずれも物理変化である．

*1 7章で述べた三態間の状態変化も，すべて物理変化である．

◆物質自体が変化するのが化学変化

これに対して，物質そのものが他の物質に変わるような変化を化学変化（化学反応）という．「メタンが燃焼して二酸化炭素と水を生成する」ような変化や，「マグネシウムに塩酸を加えると水素と塩化亜鉛が生成する」ような変化は，いずれも元の物質であるメタンやマグネシウムが他の物質に変化しているので，化学変化である．

化学変化が生じる際，物質内では原子の組換えが生じる．しかし，化学変化の前後で，原子の数は増減せず，一定に保たれる．

先述のメタンの燃焼反応では，メタン分子内の水素原子が酸素分子と結合して水分子となり，炭素原子は別の酸素分子と結合して二酸化炭素に変

化する．つまり，メタンの燃焼反応とは，メタン分子と酸素分子から，二酸化炭素分子と水分子が生成することを意味している．

8.2 化学変化を表す化学反応式

◆化学反応式と化学方程式

しかし，化学変化をこのような長い文で表現するのは，たいへん煩わしいし，何よりわかりにくい．そこで，これに代わって，化学変化を化学式と矢印→で表現した化学反応式が用いられる．メタンの燃焼反応の化学反応式は，次のようになる．

$$CH_4 + 2O_2 \longrightarrow CO_2 + 2H_2O \tag{8.1}$$

ちなみに，化学変化を，化学反応式の矢印（⟶）の代わりに等号（＝）を用いた化学方程式で表現する場合もある．式（8.1）の化学反応式を化学方程式で表せば，次のようになる．

$$CH_4 + 2O_2 = CO_2 + 2H_2O \tag{8.2}$$

◆反応物・生成物と係数

化学反応式において，⟶の左辺には，化学変化が生じる前の物質（反応物）の化学式を，右辺には，化学変化が生じた後にできた物質（生成物）の化学式を表記する．この場合に使用される化学式は，分子性物質の場合には分子式（例：水素 H_2，水 H_2O，メタン CH_4 など），イオン性物質や 2 種類以上の元素からできた共有結合性物質の場合には組成式（例：塩化ナトリウム NaCl，硫酸亜鉛 $ZnSO_4$，硝酸銅（Ⅱ）$Cu(NO_3)_2$，二酸化ケイ素 SiO_2 など），金属や 1 種類の元素からできた共有結合性物質の場合には元素記号（例：ナトリウム Na，マグネシウム Mg，鉄 Fe，ダイヤモンド C，ケイ素 Si など）が用いられる場合が多い．

反応物，生成物が複数ある場合には，二番目以降の物質の前に＋の記号を付す．化学式の前の数字は係数[*2]と呼ばれ，反応あるいは生成する粒子の数[*3]の割合を意味する．ただし，1 の場合には省略する．

これを式（8.1）で，具体的に確かめてみよう．式（8.1）は，メタン分子 1 個と酸素分子 2 個から，二酸化炭素分子 1 個と水分子 2 個が生成することを意味している．

係数は，反応物や生成物を構成する原子の数が，化学反応式の左右両辺で等しくなり，かつ最も簡単な整数比になるように定める．図 8.1 に，化学反応に関与する物質に含まれる原子の数（または物質量）の算出方法を示す．

---

one point

初等化学では，化学反応式のほうがよく使用される．反応物・生成物に加えて，化学変化に伴い出入りする熱量も表記する場合には，化学方程式が使用され，これを熱化学方程式という．

[*2] 厳密には，化学量論的係数という．
[*3] 分子が存在しない物質に関しては，組成式で表現された構成単位の数を表す．

> aX_mY_n とあれば
>
> a：係数（物質 X_mY_n の数または物質量）
>
> X_mY_n：化学式（$m, n = 1, 2, 3, \cdots$，ただし1の場合省略）
>
> m：X_mY_n 内の原子 X の数または物質量
>
> n：X_mY_n 内の原子 Y の数または物質量
>
> これより，原子 X の数または物質量は am，原子 Y の数または物質量は an となる．
>
> たとえば $2C_2H_6$ の場合
> 1) $2C_2H_6$ だから C_2H_6 分子が2個（mol）存在する．
> 2) 1個（mol）の C_2H_6 分子内に，C 原子は2個（mol），H 原子は6個（mol）存在する．
> 3) 1），2）より，C 原子の総計は，2×2 個（mol）= 4個（mol），H 原子の総計は，2×6 個（mol）= 12個（mol）である．

▶図 8.1　原子の数（または物質量）の算出方法

8.3　化学反応式の作り方

◆最も基本的な目算法

式（8.1）のような化学反応式を作るには，どうすればよいのだろうか．おもに二つの方法がある．式（8.1）を例にとり，最初に簡単な目算法を紹介する．

まず，反応物と生成物を確認し，それぞれの化学式を化学反応式の左辺および右辺に書く．メタンの燃焼反応の場合，メタンと酸素が反応して二酸化炭素と水を生じるので，メタンと酸素が反応物，二酸化炭素と水が生成物である．そこで，次のように書く．

$$CH_4 \quad O_2 \longrightarrow CO_2 \quad H_2O \tag{8.3}$$

次に，反応物と生成物がそれぞれ複数存在する場合には，化学式の間に＋の記号を入れる．したがって，式（8.3）は次のようになる．

$$CH_4 + O_2 \longrightarrow CO_2 + H_2O \tag{8.4}$$

これで，一見化学反応式は完成したかのように見えるが，左右両辺の原子数を数えると，左辺には C 1個，H 4個，O 2個が存在するのに対して，右辺には C 1個，H 2個，O 3個[*4] が存在し，水素原子と酸素原子の数が合わない．よって，係数で両辺の原子数が同じになるように調整しなければならない．

[*4] CO_2 中に2個，H_2O 中に1個．

この係数を合わせる方法の一つが目算法である．ある物質の係数の見当をつけてから順次係数を決定していく方法である．では，具体的にやってみよう．とりあえず左辺の最初にある CH_4 の係数を1とする[*5]．そうすれば，式 (8.4) は，次のようになる．

$$1CH_4 + O_2 \longrightarrow CO_2 + H_2O \tag{8.5}$$

*5 うまくいかない場合は，右辺の最初にある物質の係数を1としてもよい．

CH_4 の係数1は，左辺にCが1個，Hが4個存在することを意味し，これと同数の原子が右辺にも存在しなければならない．まずCに注目すると，右辺には CO_2 がある．右辺にはCが1個なければならないから，式 (8.5) は次のようになる．

$$1CH_4 + O_2 \longrightarrow 1CO_2 + H_2O \tag{8.6}$$

次にHに注目すると，右辺には H_2O がある．右辺にはHが4個なければならない．H_2O 1分子中にはHが2個存在するので，H_2O の前の係数を2とすれば，右辺のHは4個分となる．これより式 (8.6) は，次のようになる．

$$1CH_4 + O_2 \longrightarrow 1CO_2 + 2H_2O \tag{8.7}$$

残るはOの数である．右辺にOが4個（CO_2 の2個と $2H_2O$ の2個）存在するので，左辺にも4個存在しなければならない．そこで O_2 の係数は2となり，式 (8.7) は次のようになる．

$$1CH_4 + 2O_2 \longrightarrow 1CO_2 + 2H_2O \tag{8.8}$$

CH_4, O_2, CO_2, H_2O の係数は，1：2：1：2で，最も簡単な整数比となっている[*6]．最後に係数1を省略すれば，式 (8.8) は

*6 分数や小数が含まれる場合や，約分できる場合には，この段階で係数を最も簡単な整数比に直す．

$$CH_4 + 2O_2 \longrightarrow CO_2 + 2H_2O$$

となり，これでメタンの燃焼反応の化学反応式が完成したことになる．ちなみに，この式は最初に示した式 (8.1) と一致する．

例題 8.1

エタンの燃焼反応の化学反応式を，目算法により作成せよ．

【解 答】 $2C_2H_6 + 7O_2 \longrightarrow 4CO_2 + 6H_2O$

【考え方】 メタンの場合と同様，エタンが燃焼すれば（酸素と化合すれば），二酸化炭素と水になる．エタンと酸素が反応物，二酸化炭素と水が生成物である．そこで，まず次のように書く．

$$C_2H_6 + O_2 \longrightarrow CO_2 + H_2O$$

次に，最初にある C_2H_6 の係数を1とする．

$$1C_2H_6 + O_2 \longrightarrow CO_2 + H_2O$$

左辺に C が2個，H が6個あるので，右辺の係数は，$2CO_2$ と $3H_2O$ となる．

$$1C_2H_6 + O_2 \longrightarrow 2CO_2 + 3H_2O$$

O は右辺に7個あるので，左辺にも7個なければならない．左辺では O は O_2 として存在するため，これに7個分の O が含まれるには，O_2 の係数は $\frac{7}{2}$ となる．

$$1C_2H_6 + \frac{7}{2}O_2 \longrightarrow 2CO_2 + 3H_2O$$

C_2H_6, O_2, CO_2, H_2O の係数は，$1 : \frac{7}{2} : 2 : 3$ となり，係数に分数が含まれるため，これは最も簡単な整数比ではない．そこで，すべて2倍すると，$2 : 7 : 4 : 6$ と，最も簡単な整数比となる．したがって，この比が化学反応式の係数となる．

> **one point**
> 一般に，化学式が C_aH_b や $C_aH_bO_c$ で表現される化合物は，燃焼すれば（完全燃焼を想定している），すべて二酸化炭素と水になる．

◆複雑な場合に用いる未定係数法

簡単な化学反応式であれば，目算法で作成できる．しかし，複雑な化学反応式の場合，目算法では係数が決定しにくい場合がある．その際に有効なのが，化学反応式の係数を a, b, c, d, …などとおき，各原子の数が左右両辺で等しいことを利用して順次係数を決定する**未定係数法**である．これに関しても式 (8.1) を例に，具体的に説明する．式 (8.4) までは，目算法と同様である．

$$CH_4 + O_2 \longrightarrow CO_2 + H_2O \tag{8.4}$$

未定係数法では，係数を順次 a, b, c, d とする[*7]．そうすれば，式 (8.4) は，次のように書ける．

$$aCH_4 + bO_2 \longrightarrow cCO_2 + dH_2O \tag{8.9}$$

この化学反応にかかわる原子は，C, H, O の3種類であり，これらの数が左右両辺で等しくなっている．

C は，左辺には CH_4 中に1個，右辺では CO_2 中に1個存在する．これらの数に化学反応式の係数を乗じれば，左右両辺に含まれる C の数が求められ，その両者が等しいことから，C については次式が成立する．

$$a = c \quad \cdots ①$$

同様に，H, O については，次式が成り立つ．

[*7] x, y, z, u でも，h, i, j, k でも，何でもよい．要は，化学式の前に，まだ決定されていない係数を文字でおく．

$4a = 2d$　すなわち，$d = 2a$　…②
$2b = 2c + d$　…③

連立方程式①～③は，未知数が a, b, c, d と4個あるのに対して，式は三つしかないので解けない．しかし，a, b, c, d の比は求められる．つまり，a, b, c, d のうちの一つを，通常の数字同様に，定数と見なせばよい．ここでは，仮に a を定数と見なし，連立方程式①～③を b, c, d について解いてみよう．式①より

$c = a$　…④

となり，式②，④を式③に代入して

$b = 2a$　…⑤

となる．②，④，⑤より，$a : b : c : d = a : 2a : a : 2a = 1 : 2 : 1 : 2$ となり，これは最も簡単な整数比である．

したがって，式（8.9）は

$CH_4 + 2O_2 \longrightarrow CO_2 + 2H_2O$

となり，これで化学反応式が完成する．

化学反応式の作り方の手順を，図8.2に整理する．

例題8.2

エタンの燃焼反応の化学反応式を，未定係数法により作成せよ．

【解　答】　$2C_2H_6 + 7O_2 \longrightarrow 4CO_2 + 6H_2O$

【考え方】　$aC_2H_6 + bO_2 \longrightarrow cCO_2 + dH_2O$

とおく．この化学反応にかかわる原子は，C, H, O の3種類であり，これらの数が左右両辺で等しいという関係を利用する．C, H, O について，それぞれ次の式が成り立つ．

$2a = c$　…①
$6a = 2d$　すなわち，$d = 3a$　…②
$2b = 2c + d$　…③

式①～③より

$a : b : c : d = a : \dfrac{7}{2}a : 2a : 3a = 1 : \dfrac{7}{2} : 2 : 3 = 2 : 7 : 4 : 6$

となり，これは最も簡単は整数比である．

メタンの燃焼反応（酸素との化合）

1. すべての反応物，生成物の化学式を書き，反応物，生成物の間に矢印（⟶）を書く．

　　$CH_4 \quad O_2 \quad \longrightarrow \quad CO_2 \quad H_2O$

　　↓

2. 反応物，生成物が複数ある場合には，＋でつなぐ．

　　$CH_4 + O_2 \quad \longrightarrow \quad CO_2 + H_2O$

　　↓

3. すべての反応物，生成物に含まれる原子の数が左右両辺で同じになるように，目算法や未定係数法を用いて係数をあわせる（この段階では，係数に分数や小数を用いてもよい）．

　　$1CH_4 + 2O_2 \quad \longrightarrow \quad 1CO_2 + 2H_2O$

　　C：1個　　　　　1個　　　　　　（左辺1個，右辺1個）
　　H：4個　　　　　4個　　　　　　（左辺4個，右辺4個）
　　O：　　　4個　　2個　　2個　　（左辺4個，右辺4個）

　　↓

4. 係数の比を，最も簡単な整数比に直す．
　　係数1：2：1：2は，すでに最も簡単な整数比である
　　（これ以上約分できないことを確認）．

　　↓

5. 化学式の前に係数をつける．ただし，1は省略する．

　　$CH_4 + 2O_2 \quad \longrightarrow \quad CO_2 + 2H_2O$

　　これで化学反応式は完成する！

▶図8.2　化学反応式の作り方の手順

章末問題

1. 次の変化は物理変化，化学変化のどちらか．
   (1) ビーカーに入っているエタノールが，時間とともに蒸発する．
   (2) オキシドール（過酸化水素水溶液）に酸化マンガン（Ⅳ）を加えると，酸素が発生する．
   (3) ショ糖（砂糖の主成分）が水に溶解する．
   (4) 水を加熱すると沸騰して内部から気泡が発生する．
   (5) 鉄製の包丁が錆びる．

2. 次の化学反応式の係数を定めよ．
   (1) $C_3H_8 + O_2 \longrightarrow CO_2 + H_2O$

(2) $C_2H_2 + O_2 \longrightarrow CO_2 + H_2O$

(3) $Mg + HCl \longrightarrow MgCl_2 + H_2$

(4) $Al + HCl \longrightarrow AlCl_3 + H_2$

(5) $Fe + H_2SO_4 \longrightarrow FeSO_4 + H_2$

(6) $Al + H_2SO_4 \longrightarrow Al_2(SO_4)_3 + H_2$

(7) $H_2O_2 \longrightarrow H_2O + O_2$

(8) $NaOH + H_2SO_4 \longrightarrow Na_2SO_4 + H_2O$

(9) $Ca(OH)_2 + HCl \longrightarrow CaCl_2 + H_2O$

(10) $CaCO_3 + HCl \longrightarrow CaCl_2 + H_2O + CO_2$

3. 次の化学変化を，化学反応式で表せ．
(1) 黒鉛（炭素）が燃焼（酸素と化合）すると，二酸化炭素が生成する．
(2) マグネシウムが燃焼すると，酸化マグネシウムが生成する．
(3) エチレンが燃焼すると，二酸化炭素と水が生成する．
(4) 亜鉛に塩酸を加えると，塩化亜鉛と水素が生成する．
(5) マグネシウムに硫酸を加えると，硫酸マグネシウムと水素が生成する．
(6) 水酸化ナトリウム水溶液に塩酸を加えると，塩化ナトリウムと水が生成する．
(7) 水酸化カリウム水溶液に硫酸を加えると，硫酸カリウムと水が生成する．
(8) 硫酸銅（Ⅱ）水溶液に亜鉛を入れると，硫酸亜鉛と銅が生成する．
(9) 石灰水（水酸化カルシウムの飽和水溶液）に二酸化炭素を加えると，炭酸カルシウムの沈殿と水が生成する．
(10) 気体のアンモニアに塩酸を近づけると，塩化アンモニウムの白煙が生成する．

9章 化学変化に伴う物理量の量的な関係

【この章で学ぶこと】 化学反応式を見れば，どのような化学変化が起こるのかを理解できるだけではなく，「物質A 1 molと物質B 2 molが反応すると，物質Cがいくら生成する」という量的な関係もわかる．ここでいう「量」とは，物質量・粒子の数・体積・質量をさす．これらの「量」は，すべて物質量に換算すると考えやすい．

本章では，まず化学反応式の係数の表す意味について述べ，続いて具体的な化学変化に伴う量的な関係について学習する．

> **Key Word**
> 化学変化（化学反応），化学反応式，物質量，化学量論，
> 燃焼，化合，酸化，金属，酸，塩基，中和

9.1 化学反応式の表す意味

◆化学変化に伴う粒子の数の量的な関係

すでに8章で化学反応式の作り方について学習したが，ここでは，同じくメタンの燃焼反応を例にとり，化学反応式の表す「意味」について考えてみよう．メタンの燃焼反応の化学反応式は

$$CH_4 + 2O_2 \longrightarrow CO_2 + 2H_2O \tag{9.1}$$

と表現できる．ここで，化学反応式に書かれた係数から，「メタン分子1個と酸素分子2個から，二酸化炭素分子1個と水分子2個が生成する」ことがわかる．

このように，化学反応式の係数を見れば，反応する粒子（分子や組成式で表現された単位粒子）の数と生成する粒子の数の割合を把握できる．メタン分子2個の場合には，化学反応式の両辺の係数を2倍すればよい．すなわち，メタン分子2個と酸素分子4個から，二酸化炭素分子2個と水分子4個が生成する．同様に，メタン分子3個の場合には，両辺の係数を3倍すればよい．

◆化学変化に伴う物質量の量的な関係

それでは，メタン分子がアボガドロ数（$6.02\cdots \times 10^{23}$）個集まればどのようになるだろうか．2倍，3倍の場合と考え方は同じである．化学反応式の係数をアボガドロ数（$6.02\cdots \times 10^{23}$）倍すればよい．すなわち，メタ

$$CH_4 + 2O_2 \longrightarrow CO_2 + 2H_2O$$

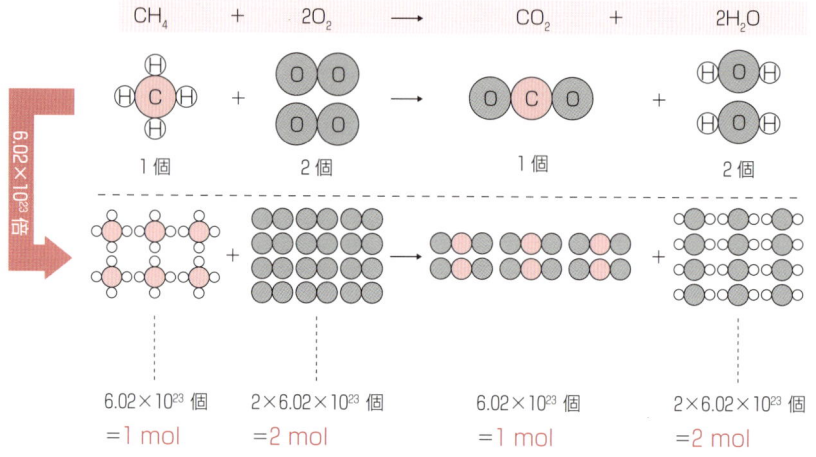

▶図9.1 粒子の数と物質量の関係
メタンが燃焼する反応における,分子の数と物質量の関係.化学反応式の係数は,粒子の数を表すと考えても物質量を表すと考えてもよいことがわかる.

ン分子 $6.02\cdots \times 10^{23}$ 個と酸素分子 $2 \times 6.02\cdots \times 10^{23}$ 個から,二酸化炭素分子 $6.02\cdots \times 10^{23}$ 個と水分子 $2 \times 6.02\cdots \times 10^{23}$ 個が生成する(図9.1).

アボガドロ数個の粒子の集団が 1 mol[*1]だから,前述の関係は物質量を用いて「メタン 1 mol と酸素 2 mol から,二酸化炭素 1 mol と水 2 mol が生成する」と表現することもできる.

化学変化に伴う量的な関係を議論するには,すべての反応物や生成物を,物質量(単位:mol)で考えるとよい.粒子の数で考えても結果は同じかもしれないが,われわれが観測する実際の化学変化は,数個の分子ではなく,アボガドロ数個レベルの分子である.それゆえ,物質量で考えるほうが理にかなっている.

6章で学んだように,粒子の数・質量・体積はいずれも物質量から算出できる.したがって,化学変化に伴う粒子の数・質量・体積の量的な関係を知りたければ,まず物質量の関係を把握し,その後で必要な量に変換すればよい.これを,量的な関係を議論する際の大原則としておけばわかりやすい.

◆化学変化に伴う質量の量的な関係

この原則を用いて,化学変化に伴う質量の量的な関係について考えてみよう.

C, H, O の原子量をそれぞれ 12.0, 1.0, 16.0 とすると,メタン,酸素,二酸化炭素,水のモル質量は,それぞれ $16.0 \text{ g}\cdot\text{mol}^{-1}$, $32.0 \text{ g}\cdot\text{mol}^{-1}$, $44.0 \text{ g}\cdot\text{mol}^{-1}$, $18.0 \text{ g}\cdot\text{mol}^{-1}$ となる.

これらの値を用いると,メタン 1 mol は $(1.00 \text{ mol})\cdot(16.0 \text{ g}\cdot\text{mol}^{-1}) = 16.0$ g,酸素 2 mol は $(2.00 \text{ mol})\cdot(32.0 \text{ g}\cdot\text{mol}^{-1}) = 64.0$ g,二酸化炭素 1

[*1] ここでは 1 mol を有効数字1桁ではなく,厳密に 1.000… mol の意味で使用する.

mol は（1.00 mol）・(44.0 g・mol^{-1}) = 44.0 g，水 2 mol は（2.00 mol）・(18.0 g・mol^{-1}) = 36.0 g と換算できる．

ここから，先ほどの「メタン 1 mol と酸素 2 mol から，二酸化炭素 1 mol と水 2 mol が生成する」という関係を質量に換算すれば，「メタン 16.0 g と酸素 64.0 g から，二酸化炭素 44.0 g と水 36.0 g が生成する」と表現できる．反応物の全質量は 16.0 g + 64.0 g = 80.0 g，生成物の全質量も 44.0 g + 36.0 g = 80.0 g で，両者は等しくなる[*2]．

*2 これを質量保存の法則という．

◆化学変化に伴う体積の量的な関係

次に，体積の量的な関係について考えてみよう．

気体の場合，その種類にかかわらずモル体積は，25 ℃（298.15 K），1 atm でおよそ 24.5 L・mol^{-1} になる[*3]．モル体積はモル質量とは異なり，温度，圧力を定めないと決まらない（6.3 節参照）．

*3 0 ℃（273.15 K），1 atm （1.01325 × 10^5 Pa）ではおよそ 22.4 L・mol^{-1}．

ここでは，実験室で行う化学反応を想定して，25 ℃，1 atm であるとしよう．この条件では，メタン，酸素，二酸化炭素は気体だから，モル体積は 24.5 L・mol^{-1} になる．ところが水は液体だから，モル体積は 24.5 L・mol^{-1} にはならない．機械的に，24.5 L・mol^{-1} や 22.4 L・mol^{-1} という値だけを暗記しても無意味である．この値を利用できるのは，気体，しかも特定の温度，圧力の場合だけである．液体や固体のモル体積は，別に調べなければならない．あるいは，密度がわかっていれば，式（6.10）を使って換算してもよい．この条件では，水のモル体積は 18.0 cm^3 となる．

これらの値を用いると，メタン 1 mol は（1.00 mol）・(24.5 L・mol^{-1}) = 24.5 L，酸素 2 mol は（2.00 mol）・(24.5 L・mol^{-1}) = 49.0 L，二酸化炭素 1 mol は（1.00 mol）・(24.5 L・mol^{-1}) = 24.5 L，水 2 mol は（2.00 mol）・(18.0 cm^3・mol^{-1}) = 36.0 cm^3 となる．

ここから「メタン 1 mol と酸素 2 mol から，二酸化炭素 1 mol と水 2 mol が生成する」という関係を体積に換算すれば，「25 ℃，1 atm では，メタン 24.5 L と酸素 49.0 L から，二酸化炭素 24.5 L と水 36.0 cm^3 が生成する」となる．

以上のように，化学変化に伴う量的な関係を，体積を用いて議論するには，温度と圧力を考慮に入れる必要がある．

表 9.1 にメタンの燃焼反応に伴う物質量・粒子の数・質量・体積の量的な関係を示す．加えて，表 9.2 にこれを一般化したものを示す．繰り返すが，化学の計算の基本は，粒子の数・質量・体積を，まず物質量に換算することである．そして物質量で量的な関係を把握し，これを粒子の数・質量・体積などに換算すればよい．

化学変化に伴い，物質量や質量などの物理量がどのように変化するかを定量的に議論する化学の分野を化学量論という．以下の節では，化学量論

的な視点から，具体的な化学変化の事例（燃焼反応，金属と酸との反応，中和反応）をいくつか考察していこう．

▶表9.1　メタンの燃焼反応に伴う物質量・粒子の数・質量・体積の量的な関係

化学反応式	CH_4	+	$2O_2$	⟶	CO_2	+	$2H_2O$
物質量	1 mol		2 mol		1 mol		2 mol
粒子の数	6.02×10^{23} 個 (1 個)*		$2 \times 6.02 \times 10^{23}$ 個 (2 個)*		6.02×10^{23} 個 (1 個)*		$2 \times 6.02 \times 10^{23}$ 個 (2 個)*
質量	16.0 g (4.0 g)*		2×32.0 g = 64.0 g (16.0 g)*		44.0 g (11.0 g)*		2×18.0 g = 36.0 g (9.0 g)*
体積**	24.5 L		2×24.5 L = 49.0 L		24.5 L		2×18.0 cm^3 = 36.0 cm^3

* 最も簡単な整数比に直した値．
**25 ℃，1 atm における値．

▶表9.2　一般の化学反応に伴う物質量・粒子の数・質量・体積の量的な関係

P, Q, X, Y は化学式，p, q, x, y は係数，N_A はアボガドロ定数，M_P, M_Q, M_X, M_Y は P, Q, X, Y のモル質量，$V_{m,P}, V_{m,Q}, V_{m,X}, V_{m,Y}$ は P, Q, X, Y のモル体積．

化学反応式	pP	+	qQ	⟶	xX	+	yY
物質量	p		q		x		y
粒子の数	pN_A (p)*		qN_A (q)*		xN_A (x)*		yN_A (y)*
質量	pM_P		qM_Q		xM_X		yM_Y
体積**	$pV_{m,P}$		$qV_{m,Q}$		$xV_{m,X}$		$yV_{m,Y}$

* 最も簡単な整数比に直した値．
** 温度，圧力一定の場合．

9.2　酸素との激しい化合反応——燃焼

◆金属も燃える？

最も身近な化学変化は，メタンの例にもあるように，さまざまな物質の**燃焼**であろう．燃焼とは，発熱と発光を伴う化学反応のことをいう．とくに空気中での燃焼は，すべて酸素との化合反応である．

金属の中にも空気中で燃焼するものがあり，燃焼するとその金属の酸化物が生成する．たとえばマグネシウムは，空気中で加熱すると，閃光を出して激しく燃焼する．

$$2Mg + O_2 \longrightarrow 2MgO \tag{9.2}$$

例題9.1

マグネシウムの粉末が 4.8 g あるとする．これが完全に燃焼した場合に生成する酸化マグネシウムの物質量はいくらか．さらに，その質量はいくらか．

ただし，原子量を O：16，Mg：24 とする．

【解　答】　物質量 0.20 mol，質量 8.0 g

【考え方】 式 (9.2) より，マグネシウム Mg と酸化マグネシウム MgO の係数の比が 2 : 2 = 1 : 1 であることから，Mg が 1 mol 燃焼すると MgO が 1 mol 生成することがわかる．生成する MgO の物質量を x とすると，Mg のモル質量は 24 g·mol^{-1} だから

$$\frac{4.8 \text{ g}}{24 \text{ g·mol}^{-1}} : x = 1 \text{ mol} : 1 \text{ mol}$$

$$\therefore \quad x = 0.20 \text{ mol}$$

これを質量に換算すると，MgO のモル質量が 40 g·mol^{-1} だから，$(0.20 \text{ mol}) \cdot (40 \text{ g·mol}^{-1}) = 8.0$ g となる．

◆有機化合物が燃焼すると

メタンのような，C を含む化合物を**有機化合物**という．有機化合物の中でも，C と H のみからできている炭化水素や，C, H, O からできているアルコールのような化合物は，空気中で完全燃焼すれば（すなわち，酸素と化合すれば），二酸化炭素と水になる．

たとえばメタノールが燃焼すれば，メタンと同様，二酸化炭素と水を生成する．

$$2\text{CH}_4\text{O} + 3\text{O}_2 \longrightarrow 2\text{CO}_2 + 4\text{H}_2\text{O} \tag{9.3}$$

例題 9.2

メタノールが 96 g ある．これが完全に燃焼した場合に生成する二酸化炭素と水の物質量と体積（25 ℃, 1 atm）はいくらか．ただし，原子量を C：12, H：1, O：16, 二酸化炭素と水のモル体積をそれぞれ 25 L·mol^{-1}, 18 cm^3·mol^{-1} とする．

【解　答】 二酸化炭素の物質量：3.0 mol，体積：75 L，水の物質量：6.0 mol，体積：1.1×10^2 cm^3 (0.11 L)．

【考え方】 式 (9.3) より，メタノール CH$_4$O，二酸化炭素 CO$_2$，水 H$_2$O の係数の比が 2 : 2 : 4 = 1 : 1 : 2 であることから，CH$_4$O が 1 mol 燃焼すると，CO$_2$ が 1 mol，H$_2$O が 2 mol 生成することがわかる．生成する CO$_2$ および H$_2$O の物質量をそれぞれ x, y とすると，CH$_4$O のモル質量は $(12 + 1 \times 4 + 16)$ g·mol^{-1} = 32 g·mol^{-1} だから

$$\frac{96 \text{ g}}{32 \text{ g·mol}^{-1}} : x = 1 \text{ mol} : 1 \text{ mol} \quad \therefore \quad x = 3.0 \text{ mol}$$

$$\frac{96 \text{ g}}{32 \text{ g·mol}^{-1}} : y = 1 \text{ mol} : 2 \text{ mol} \quad \therefore \quad y = 6.0 \text{ mol}$$

*4 $cm^3 = mL = 10^{-3} L$

> $25℃$, $1 atm$における CO_2, H_2O のモル体積がそれぞれ，$25 L·mol^{-1}$, $18 cm^3·mol^{-1}$ だから，体積はそれぞれ，$(3.0 mol)·(25 L·mol^{-1}) = 75 L$, $(6.0 mol)·(18 cm^3·mol^{-1}) = 108 cm^3 ≈ 1.1 × 10^2 cm^3$ $(0.11 L)$ となる[*4]．

9.3 金属と酸との反応

◆金属と塩酸との反応

*5 水溶液中で水素イオン H^+ を放出する物質を酸という．

*6 塩酸とは，塩化水素 HCl の水溶液のことである．塩酸という分子や化合物は存在しない．

金属と酸[*5]との反応も，よく知られた反応である．代表的な酸に塩酸[*6]がある．種々の金属に塩酸を加えると，塩化物と水素を生じる．たとえば，マグネシウムに塩酸を加えると激しく反応して水素を発生する．

$$Mg + 2HCl \longrightarrow MgCl_2 + H_2 \tag{9.4}$$

例題 9.3

マグネシウムの粉末が $6.0 g$ ある．これに塩酸を加えて完全に反応させた場合に生成する塩化マグネシウムの質量はいくらか．また，生成する水素の分子数はいくらか．ただし，原子量を C：12，H：1，Mg：24，Cl：35，アボガドロ定数を $6.0 × 10^{23} mol^{-1}$ とする．

【解　答】　塩化マグネシウムの質量 $24 g$，水素の分子数 $1.5 × 10^{23}$ 個．

【考え方】　式 (9.4) より，マグネシウム Mg と塩化マグネシウム $MgCl_2$ の係数の比が 1：1 であることから，Mg が $1 mol$ 反応して $MgCl_2$ が $1 mol$ 生成することがわかる．生成する $MgCl_2$ の質量を x とすると，Mg，$MgCl_2$ のモル質量はそれぞれ $24 g·mol^{-1}$，$(24 + 35 × 2) g·mol^{-1} = 94 g·mol^{-1}$ だから

$$\frac{6.0 g}{24 g·mol^{-1}} : \frac{x}{94 g·mol^{-1}} = 1 mol : 1 mol$$

$$\therefore x = 23.5 g ≈ 24 g$$

一方，マグネシウム Mg と水素 H_2 の係数の比も 1：1 だから，Mg が $1 mol$ 反応すると，H_2 が $1 mol$ 生成する．よって，生成する H_2 の分子数を y とすると

$$\frac{6.0 g}{24 g·mol^{-1}} : \frac{y}{6.0 × 10^{23} mol^{-1}} = 1 mol : 1 mol$$

$$\therefore y = 1.5 × 10^{23}$$

◆金属と硫酸との反応

*7 金属イオンと硫酸イオンから生じるイオン性の化合物．

塩酸以外の代表的な酸に，硫酸がある．種々の金属に硫酸を加えると，硫酸塩[*7]と水素を生じる．

例題9.4

粒状の亜鉛 Zn が 2.6 g ある．これに硫酸 H_2SO_4 を加えて完全に反応させた．これについて，次の問いに答えよ．ただし，原子量を，H：1，O：16，S：32，Zn：65，水素のモル体積（25 ℃，1 atm）を 25 L·mol^{-1} とする．

(1) この化学変化の化学反応式を書け．
(2) 生成する硫酸亜鉛の質量はいくらか．
(3) 生成する水素の体積（25 ℃，1 atm）はいくらか．

【解 答】 (1) $Zn + H_2SO_4 \longrightarrow ZnSO_4 + H_2$ (2) 6.4 g (3) 1.0 L

【考え方】 (1) 亜鉛と硫酸が反応すると，硫酸亜鉛と水素が生じる．そこで，化学反応式を

$$aZn + bH_2SO_4 \longrightarrow cZnSO_4 + dH_2$$

とおく（ここでは未定係数法で決定するが，目算法を用いてもよい．8.3節参照）．ただし，a, b, c, d は定数である．

Zn について $a = c$ …①，H について $2b = 2d$，つまり $b = d$ …②，S について $b = c$ …③，O について $4b = 4d$，つまり $b = d$ …④が成り立つ．式②と④は同じ式なので，④を削除する．

式①〜③を a, c, d について解けば，$a = b, c = b, d = b$ となるから，$a : b : c : d = b : b : b : b = 1 : 1 : 1 : 1$ となり，これは最も簡単な整数比である．よって，化学反応式は

$$Zn + H_2SO_4 \longrightarrow ZnSO_4 + H_2$$

となる．慣れれば，目算法で簡単に求められる．

(2) 反応式より，亜鉛 Zn と硫酸亜鉛 $ZnSO_4$ の係数の比が 1 : 1 であることから，Zn が 1 mol 反応すると $ZnSO_4$ が 1 mol 生成することがわかる．生成する $ZnSO_4$ の質量を x とすると，Zn，$ZnSO_4$ のモル質量はそれぞれ 65 g·mol^{-1}，$(65 + 32 + 16 \times 4)$ g·mol^{-1} = 161 g·mol^{-1} だから

$$\frac{2.6 \text{ g}}{65 \text{ g·mol}^{-1}} : \frac{x}{161 \text{ g·mol}^{-1}} = 1 \text{ mol} : 1 \text{ mol}$$

∴ $x = 6.44$ g ≈ 6.4 g

(3) 反応式より，亜鉛 Zn と水素 H_2 の係数の比が 1 : 1 だから，Zn が 1 mol 反応すると H_2 が 1 mol 生成することがわかる．生成する H_2 の体積を y とすると，H のモル体積（25 ℃，1 atm）は 25 L·mol^{-1} だから

$$\frac{2.6\,\text{g}}{65\,\text{g}\cdot\text{mol}^{-1}} : \frac{y}{25\,\text{L}\cdot\text{mol}^{-1}} = 1\,\text{mol} : 1\,\text{mol}$$

$$\therefore\ y = 1.0\,\text{L}$$

9.4　酸と塩基との反応——中和

◆塩酸と水酸化ナトリウムとの反応

*8　水溶液中で水酸化物イオン OH^- を放出する物質を塩基（アルカリ）という．

　酸と塩基[*8]が反応すると，両者の性質が打ち消し合うことが知られている．いわゆる中和反応である．酸として塩酸（塩化水素水溶液），塩基として水酸化ナトリウム水溶液を用い，両者（塩化水素と水酸化ナトリウム）の物質量が等しくなるように混合すると，中和して塩化ナトリウム[*9]と水を生じる．

*9　食塩の主成分．

例題9.5

0.20 $\text{mol}\cdot\text{L}^{-1}$ の塩酸が 20 mL ある．これに濃度 0.10 $\text{mol}\cdot\text{L}^{-1}$ の水酸化ナトリウム水溶液を加えた．これについて，次の問いに答えよ．ただし，原子量を H：1，Na：23，O：16，Cl：35 とする．

(1) この化学変化の化学反応式を書け．

(2) この塩酸中に溶解している塩化水素の物質量はいくらか．また，その質量はいくらか．

(3) この塩酸を完全に中和するのに必要な水酸化ナトリウム水溶液の体積はいくらか．

【解　答】　(1) $HCl + NaOH \longrightarrow NaCl + H_2O$

(2) 物質量：4.0×10^{-3} mol，質量：0.14 g　(3) 40 mL

*10　厳密には，塩酸中の塩化水素である．

【考え方】　(1) 塩酸[*10]と水酸化ナトリウムが反応すると，塩化ナトリウムと水が生じる．そこで，化学反応式を

$$HCl + NaOH \longrightarrow NaCl + H_2O$$

と書き，係数を目算法または未定係数法で定めればよい．この場合，すべての係数は 1 となる．

(2) 塩酸の濃度 0.20 $\text{mol}\cdot\text{L}^{-1}$ は，塩酸 1 L ＝ 1000 mL 中に，塩化水素が 0.20 mol 溶解していることを表している（7.4節参照）．よって，塩酸 20 mL 中に溶解している塩化水素は，比例配分により（0.20 mol / 1000 mL）・(20 mL) ＝ 4.0×10^{-3} mol と算出できる．塩化水素 HCl のモル質量は，(1 ＋ 35) $\text{g}\cdot\text{mol}^{-1}$ ＝ 36 $\text{g}\cdot\text{mol}^{-1}$ だから，その質量は，(4.0×10^{-3} mol)・(36 $\text{g}\cdot\text{mol}^{-1}$) ＝ 0.144 g ≈ 0.14 g である．

(3) 化学反応式より，塩化水素 HCl と水酸化ナトリウム NaOH の係数の比が 1:1 だから，完全に中和が起こるには，HCl と NaOH が，1 mol 対 1 mol の割合で反応しなければならない．必要な水酸化ナトリウム水溶液の体積を V とすると

$$\frac{0.20 \text{ mol}}{1000 \text{ mL}} \cdot 20 \text{ mL} : \frac{0.10 \text{ mol}}{1000 \text{ mL}} \cdot V = 1 \text{ mol} : 1 \text{ mol}$$

$$\therefore \quad V = 40 \text{ mL} \ (0.040 \text{ L})$$

◆硫酸と水酸化ナトリウムとの反応

塩基は水酸化ナトリウムのままで，酸を硫酸に変えた場合を考えてみよう．両者が中和すれば，硫酸ナトリウムと水ができる．

ただしこの場合は，両者の物質量が等しくなるように混合しても，完全に中和せず，硫酸が残る．このことを具体的に次の例題で考えてみよう．

例題 9.6

0.50 mol·L^{-1} の硫酸が 10 mL ある．これに濃度 0.20 mol·L^{-1} の水酸化ナトリウム水溶液を加えた．これについて，次の問いに答えよ．
(1) この化学変化の化学反応式を書け．
(2) この硫酸を完全に中和するのに必要な水酸化ナトリウム水溶液の体積はいくらか．

【解　答】 (1) $H_2SO_4 + 2NaOH \longrightarrow Na_2SO_4 + 2H_2O$　(2) 50 mL

【考え方】 (1) 硫酸と水酸化ナトリウムが反応すると，硫酸ナトリウムと水が生じる．そこで，化学反応式を

$$H_2SO_4 + NaOH \longrightarrow Na_2SO_4 + H_2O$$

と書き，係数を目算法または未定係数法で定めればよい．この場合，順に，1:2:1:2 となる．

(2) 化学反応式より，硫酸 H_2SO_4 と水酸化ナトリウム NaOH の係数の比が 1:2 であることから，完全に中和が起こるには，H_2SO_4 と NaOH が，1 mol 対 2 mol の割合で反応しなければならないことがわかる．必要な水酸化ナトリウム水溶液の体積を V とすると

$$\frac{0.50 \text{ mol}}{1000 \text{ mL}} \cdot 10 \text{ mL} : \frac{0.20 \text{ mol}}{1000 \text{ mL}} \cdot V = 1 \text{ mol} : 2 \text{ mol}$$

$$\therefore \quad V = 50 \text{ mL} \ (0.050 \text{ L})$$

one point

ここでいう硫酸とは，硫酸 H_2SO_4 の水溶液のことである．硫酸という言葉には，硫酸という分子や化合物，さらにその水溶液の意味もあるので注意が必要である．硝酸という言葉も同様である．

章末問題

1. アルミニウムの粉末が 8.1 g ある．これが完全に燃焼した場合に生成する酸化アルミニウムの物質量および質量はいくらか．ただし，原子量を O：16，Al：27 とする．

2. エタノールが 23 g ある．これが完全に燃焼した場合に生成する二酸化炭素と水の物質量と体積（25 ℃，1 atm）はいくらか．原子量を，C：12，H：1，O：16，二酸化炭素と水のモル体積をそれぞれ 25 L·mol^{-1}，18 cm^3·mol^{-1} とする．

3. リボン状のマグネシウムが 7.2 g ある．これに硫酸を加えて完全に反応させた．これについて，次の問いに答えよ．ただし，原子量を H：1，O：16，S：32，Mg：24，水素のモル体積（25 ℃，1 atm）を 25 L·mol^{-1} とする．
(1) この化学変化の化学反応式を書け．
(2) 生成する硫酸マグネシウムの質量はいくらか．
(3) 生成する水素の質量はいくらか．またその体積（25℃，1 atm）はいくらか．

4. 0.50 mol·L^{-1} の塩酸が 20 mL ある．これに濃度 0.20 mol·L^{-1} の水酸化カリウム水溶液を加えた．これについて，次の問いに答えよ．ただし，原子量を H：1，K：39，O：16，Cl：35 とする．
(1) この化学変化の化学反応式を書け．
(2) この塩酸中に溶解している塩化水素の物質量はいくらか．また，その質量はいくらか．
(3) この塩酸を完全に中和するのに必要な水酸化カリウム水溶液の体積はいくらか．

付録
化学を学ぶ際の基礎事項

【この章で学ぶこと】 化学で登場する物質量,質量,体積などの物理量は,数値と単位の積である.数値が極端に大きい場合や小さい場合には,指数や対数を用いて表記する.また,常にそれらの有効数字を考慮しなければならない.

　本章では,指数と対数に関する基本法則,物理量と単位の表記のしかた,有効数字の取扱い方について学ぶ.

A.1 指数と対数

◆指数

ある数 a があり,a を n 個掛け合わせた値(a の n 乗)を a^n と表記する.すなわち

$$\underbrace{a \cdot a \cdot a \cdots}_{n 個} = a^n \tag{A.1}$$

であり,n を a^n の **指数** という.n は通常は正の整数であるが,負の整数や 0 の場合も定義されている.

$$a^{-n} = \frac{1}{a^n} \tag{A.2}$$
$$a^0 = 1 \tag{A.3}$$

たとえば,1000000000 は 1000000000 = 10 × 10 × 10 × 10 × 10 × 10 × 10 × 10 × 10 = 10^9(指数は 9)である.また,0.00001 は

$$0.00001 = \frac{1}{100000} = \frac{1}{10 \times 10 \times 10 \times 10 \times 10} = \frac{1}{10^5} = 10^{-5} \text{(指数は} -5\text{)}$$

である.このように,指数は巨大な数や微小な数を表すときにたいへん便利である.

指数に関して,次の法則が成立する.ただし,$a \neq 0$,m,n は整数である.

$$a^m \cdot a^n = a^{m+n} \tag{A.4}$$
$$\frac{a^m}{a^n} = a^{m-n} \tag{A.5}$$
$$(a^m)^n = a^{m \cdot n} \tag{A.6}$$

◆対数

1 でないある正の数 a があり,

$$b = a^n \tag{A.7}$$

としたとき, n を b の対数といい, 記号 $\log_a b$ と表記する. つまり

$$n = \log_a b \tag{A.8}$$

となる. ここで a は底と呼ばれ, 底が 10 の対数 $\log_{10} b$ を常用対数[*1], 底が $e = 1 + \dfrac{1}{2!} + \dfrac{1}{3!} + \cdots = 2.71828\cdots$ の対数 $\log_e b$ を自然対数[*2] という.

対数に関しては, 次の法則が成立する. ただし, $a > 0$, $b > 0$, $c > 0$, n は整数である.

$$\log_a b + \log_a c = \log_a bc \tag{A.9}$$

$$\log_a b - \log_a c = \log_a \frac{b}{c} \tag{A.10}$$

$$\log_a \frac{1}{b} = -\log_a b \tag{A.11}$$

$$\log_a b^n = n\log_a b \tag{A.12}$$

$$\log_a b = \frac{\log_c b}{\log_c a} \tag{A.13}$$

[*1] 水溶液の液性（酸性・中性・塩基性）の尺度である. 水素イオン指数 pH を計算する場合などに使用される.

[*2] 反応速度定数の温度依存性から, 活性化エネルギーを算出する場合などに使用される.

A.2 物理量と単位

◆物理量

さまざまな量のうち, 物理学的に定義でき, 測定の対象となる量を物理量という. 物理量には, 質量や体積のように, その大きさのみで決まるスカラー量と, 力や速度のように, 大きさ以外に向きをもつベクトル量がある.

自然科学では, 種々の物理量は特定の記号で表現される. たとえば, 圧力は P, 体積は V, 物質量は n, 質量は m, 絶対温度は T という記号で表現される場合が多い. 物理量を記号で表記する際, 以下の注意が必要である.

第一に, 記号を用いる場合には, その定義を明確にしなければならない. 言い換えると, 定義されていない記号を用いてはいけない.

第二に, 物理量は斜体（イタリック体）で表現しなければならない. 前述の P, V, n などはいずれも物理量であり, 斜体で表現される.

◆単位

物理量は, 基準量の倍数（数値）として測定できる. この場合の基準量は単位と呼ばれ, 特定の記号で表現される. たとえば, 時間の単位である

秒は s，質量の単位であるキログラムは kg で表される．よって，10 s は単位 s の 10 倍の時間を，また 2.5 kg は単位 kg の 2.5 倍の質量を表す．すなわち，物理量は数値に単位を乗じたかたちで表現できる．単位を表記する際には，以下の注意が必要である．

第一に，単位は立体（ローマン体）で表現される．力の単位であるニュートンは N であり，N ではない．N と表記すれば，ニュートンという単位ではなく，ある種の物理量を意味してしまう．

第二に，物理量の計算には，必ず単位をつけなければならない．たとえば，一辺が 2.0 cm の立方体の体積の計算式は，$(2.0\ \mathrm{cm})^3 = 8.0\ \mathrm{cm}^3$，三辺がそれぞれ，1.0 cm，2.0 cm，3.0 cm の直方体の体積の計算式は，$(1.0\ \mathrm{cm}) \cdot (2.0\ \mathrm{cm}) \cdot (3.0\ \mathrm{cm}) = 6.0\ \mathrm{cm}^3$ となる．

第三に，物理量の記号の後に直接単位を添えてはならない．たとえば，m kg のような表記は許されない．質量を m という記号で表し，その値が 10 kg の場合には，$m = 10$ kg のように表現する．すなわち，m には kg という単位が含まれている．

◆接頭語

自然科学で扱う物理量を通常の単位を用いて表現すると，きわめて小さな値や，きわめて大きな値になる場合がある．

たとえば，m（メートル）単位で分子内の原子間距離を表現すると，百億分の一のオーダー（桁）になる．ベンゼンの炭素原子－水素原子間の距離は，0.000000000108 m である．一方，太陽と惑星間の距離は千億のオーダーになる．たとえば，太陽－地球間の距離は，150000000000 m である．

このような，非常に小さな数や大きな数はわかりにくい．そこで，自然科学では物理量を表現する場合，通常以下のような方法が用いられる．

第一は，10^{-10} や 10^{11} のような 10 の整数乗を用いて表現する方法である．この方法によると，前述の炭素原子－水素原子間の距離は 1.08×10^{-10} m，太陽－地球間の距離は 1.5×10^{11} m と表せる．

ここで，小数点の位置に注意しなければならない．<u>小数点は，必ず最初の数字と 2 番目の数字の間に打つこととされている．しかも，最初の数字は 1～9 までの数字（0 以外の数字）である．</u>したがって，10.8×10^{-11} m や 0.108×10^{-9} m，1500×10^{8} m，0.00015×10^{15} m のような表現は，いずれも厳密には不適切である．

第二は，n（ナノ）や T（テラ）のような，10 の整数乗で定義される接頭語を用いて表現する方法である．これによると，前述の炭素原子－水素原子間の距離はおよそ 0.108 nm（108 pm），太陽－地球間の距離はおよそ 0.15 Tm（150 Gm）となる．10 の整数乗と接頭語との関係は，本書の前見返しに掲載されている．

A.3 有効数字

◆有効数字とは

測定値の中で，科学的に意味のある数字を**有効数字**という．たとえば，ある物体の質量を，0.1 g まで秤量できる天秤を用いて，125.8 g という測定値が得られたと仮定する．この場合，最後の 8 には測定誤差が含まれるので正確な値とはいえないが，科学的には意味のある数字である．1，2，5 はいずれも正確な値であり，意味のある数字である．したがって，この測定値の 1，2，5，8 はいずれも有効数字であり，その桁数は 4 桁ということになる．

次に，この物体の質量を 0.01 g まで秤量できる天秤で測定して，125.80 g であったと仮定する．この場合，最後の 0 には誤差が含まれるが，1，2，5，8，0 いずれの数字も意味があるので有効数字であり，その桁数は 5 桁である．

ここで，125.8 g と 125.80 g が同一ではないことに注意しよう．前者は有効数字の桁数が 4 桁であるのに対して，後者は 5 桁である．つまり，前者では最後の 8 に誤差が含まれるのに対して，後者では最後の 0 に誤差が含まれることを意味している．つまり，後者の測定精度のほうが一桁大きい．

◆有効数字を明らかにした数値の表記法

125.8 g や 125.80 g と表記しても有効数字の桁数は明らかであるが

$$125.8 \text{ g} = 1.258 \times 10^2 \text{ g}$$
$$125.80 \text{ g} = 1.2580 \times 10^2 \text{ g}$$

つまり，$a.bc\cdots \times 10^x$ と表記する場合が多い．ここで，a は 0 以外の数字，b，c，…は任意の数字，x は整数（0 や負の整数も含む）である．

測定値の中には，有効数字の不明瞭なものもある．たとえば「質量 200 g の物体」と書いた場合，最初の 2 は有効数字であるが，十の位の 0 と一の位の 0 は，有効数字なのか，単に桁合わせのために用いられた数字なのかわからない．そこで，上記の表記法を用いる．この測定値の有効数字の桁数が 3 桁の場合には 2.00×10^2 g，2 桁の場合には 2.0×10^2 g，1 桁の場合には 2×10^2 g と表記すれば区別できる．

◆有効数字を考慮した測定値の加法・減法

まず，測定値どうしの加法について考えてみよう．たとえば，長さが 14.28 m と 23.1 m の 2 本のテープの長さの和は，電卓を用いて計算すると 14.28 m + 23.1 m = 37.38 m となる．この値を答としてよいだろうか．

14.28 m の最初の 3 個の数字は正確な値であるのに対して，最後の 8 には誤差が含まれる．一方，23.1 m の最初の 2 個の数字は正確な値であるのに対して，最後の 1 には誤差が含まれる．それゆえ，計算結果で得られた 37.38 m の小数点以下の数字 3，8 にはいずれも誤差が含まれることになる（図 A.1）．

したがって，小数第二位以下の数字（この場合は 8 のみ）は意味のない数字だから，これを四捨五入して 37.4 m とする．減法の場合も同様である．

このように，<u>測定値の加法・減法に関しては，桁数が最も高い数値に桁を揃える</u>．

```
   14.28
 + 23.1
 -------
   37.38
```

▶図 A.1　測定値の足し算
赤色の数値には，誤差が含まれる．したがって，最終的な計算結果は 37.4 となる．

◆**有効数字を考慮した測定値の乗法・除法**

次に，測定値どうしの乗法について考えてみよう．たとえば，縦 21.3 m，横 3.7 m の土地の面積を計算する場合，電卓を用いると 21.3 m × 3.7 m = 78.81 m^2 となる．

21.3 m の 2，1 は正確な値であるのに対して，小数第一位の 3 には誤差が含まれる．一方，3.7 m の 3 は正確な値であるのに対して，7 には誤差が含まれる．それゆえ，計算結果で得られた 78.81 m^2 のうち，最初の 7 を除く 8，8，1 にはいずれも誤差が含まれることになる（図 A.2）．したがって，小数点以下の数字は意味のない数字だから，これを四捨五入して 79 m^2 とする．除法の場合も同様である．

このように，<u>測定値の乗法・除法に関しては，有効数字の桁数の小さいほうの値に揃える</u>．

```
      21.3
   ×   3.7
   -------
      1491
      639
   -------
     78.81
```

▶図 A.2　測定値の掛け算
赤色の数値には，誤差が含まれる．したがって，最終的な計算結果は 79 となる．

索　引

あ

アイソトープ　10
アニオン　29
アボガドロ数　53, 86
アボガドロ定数　53, 55
アルカリ金属　21
アルカリ土類金属　21
アルコール　89
イオン　11, 29
　——化エネルギー　20
　——結合　32, 37
　——結晶　33, 45
　——式　12, 29
　——性物質　33, 34
　——の価数　29
　陰——　11, 29
　多原子——　30
　多原子陰——　31
　単原子——　30
　単原子陽——　31
　陽——　11, 29
陰イオン　11, 29
液体　67, 68
s軌道　14
エネルギー準位　15
エネルギーレベル　15
M殻　13
L殻　13
塩基　92
塩酸　90, 92

か

化学結合　37, 38
化学式　1, 33
化学反応式　78, 85
化学変化　77
化学方程式　78
化学量論　87
核子　7
化合　88
カチオン　29
価電子　19
価標　25
カルコゲン　21
希ガス　18, 21
気体　67
軌道
　s——　14
　結合性——　22
　反結合性——　22
　p——　14
　分子——　22
凝固　67
凝縮　67
共有結合　21, 37
　——結晶　43
　——性結晶　43
共有電子対　23
極性　39
　——分子　41
金属結合　38
金属結晶　45
金属元素　3
クーロン力　32
K殻　13
係数　78
結合
　——性軌道　22

――の極性　39
　　化学――　37, 38
　　共有――　21, 37
　　金属――　38
　　三重――　24
　　水素――　39, 42
　　単――　24
　　二重――　24
　　反――性軌道　22
　　ファンデルワールス――　39
　　分子間――　39
結晶　43
原子　1, 5, 47
原子核　5
原子質量単位　49
原子質量定数　49
原子説　5
原子番号　1
原子番号　8
原子量　47, 50
元素　1, 8
　　――記号　1
　　金属――　3
　　遷移――　3, 21
　　典型――　3, 21
　　非金属――　3
構造式　25
黒鉛　44
固体　67

質量 ppb　71
質量 ppm　71
質量数　8
質量千分率　71
質量百分率　70
質量分率　69
質量保存の法則　87
質量モル濃度　75
周期　21
周期表　2, 21
周期律　20
自由電子　38
主量子数　13
昇華　67
状態変化　67
蒸発　67
常用対数　96
水素結合　39, 42
水溶液　68
スカラー量　96
生成物　78
静電気力　32
成分　69
接頭語　97
遷移元素　3, 21
相対質量　47
族　21
組成式　33
存在割合　50

さ

最外殻　19
酸　90
三重結合　24
式量　52
指数　95
示性式　26
自然対数　96
質量　58, 63

た

体心立方構造　45
対数　96
　　自然――　96
　　常用――　96
体積　61, 63
　　――モル濃度　74
　　モル――　60, 61, 87
ダイマー　42

索引

ダイヤモンド　43
多原子イオン　30
多原子陰イオン　31
単位　96
炭化水素　89
単結合　24
単原子イオン　30
単原子陽イオン　31
中性子　6
中和　92, 93
底　96
電荷　7
電気陰性度　20, 39
電気素量　7
典型元素　3, 21
電子　5
　——殻　13
　——式　19, 23
　——親和力　20
　——対　22, 23
　——配置　15, 18
　価——　19
　共有——対　23
　自由——　38
　非共有——対　24
　不対——　24
同位体　10
同素体　45

な

二重結合　24
二成分系溶液　70
二量体　42
熱化学方程式　78
燃焼　85, 88
濃度　69

は

パーセント　70
パーミル　71
ハロゲン　21
反結合性軌道　22
反応物　78
p軌道　14
非共有電子対　24
非金属元素　3
ファンデルワールス結合　39
ファンデルワールス力　39
副殻　14
不対電子　24
物質の三態　67
物質量　53, 55, 58, 61, 63, 86, 87
物理変化　77
物理量　55, 96
フラーレン　45
分子　21
　——間結合　39
　——間力　39
　——軌道　22
　——軌道法　22
　——結晶　43
　——式　21, 26
　——性結晶　43
　——の極性　41
　無極性——　41
フントの規則　17
ベクトル量　96
方位量子数　14

ま

密度　60
未定係数法　81
無極性　39
　——分子　41
面心立方構造　45
目算法　79
モル　53
　——ppb　73

——ppm　73
——質量　58, 86
——千分率　73
——体積　60, 61, 87
——濃度　74
——百分率　73
——分率　72
質量——濃度　75
体積——濃度　74

や

融解　67
有機化合物　89

有効数字　98
陽イオン　11, 29
溶液　68
溶解　68
陽子　6
溶質　68
溶媒　68
溶融塩　33

ら

硫酸　90, 93
粒子の数　56, 63
六方最密構造　45

【著者紹介】

中川　徹夫（なかがわ　てつお）

現職　神戸女学院大学人間科学部環境・バイオサイエンス学科教授．博士（学術）．

略歴　1963年 京都府生まれ．1988年 京都大学大学院理学研究科修士課程化学専攻修了．その後，京都府立高等学校教諭，群馬大学教育学部助教授，電気通信大学電気通信学部准教授を経て，2009年より現職．

専門　専門は物理化学，化学教育．おもな研究テーマは，マイクロスケール実験教材の開発と改良，分子性溶液の構造と分子間相互作用，リメディアル教育における化学教材の開発．

化学の基礎　——元素記号からおさらいする化学の基本

第1版　第1刷　2010年10月1日	著　者　中川　徹夫
第14刷　2024年3月20日	発 行 者　曽根　良介
検印廃止	発 行 所　㈱化学同人

JCOPY〈出版者著作権管理機構委託出版物〉

本書の無断複写は著作権法上での例外を除き禁じられています．複写される場合は，そのつど事前に，出版者著作権管理機構（電話 03-5244-5088, FAX 03-5244-5089, e-mail: info@jcopy.or.jp）の許諾を得てください．

本書のコピー，スキャン，デジタル化などの無断複製は著作権法上での例外を除き禁じられています．本書を代行業者などの第三者に依頼してスキャンやデジタル化することは，たとえ個人や家庭内の利用でも著作権法違反です．

〒600-8074　京都市下京区仏光寺通柳馬場西入ル
編集部　Tel 075-352-3711　Fax 075-352-0371
営業部　Tel 075-352-3373　Fax 075-352-8301
振替：01010-7-5702
e-mail webmaster@kagakudojin.co.jp
URL https://www.kagakudojin.co.jp

印刷・製本　西濃印刷株式会社

Printed in Japan　© T. Nakagawa 2010
乱丁・落丁本は送料小社負担にてお取りかえします．　　無断転載・複製を禁ず

ISBN978-4-7598-1437-8